中国电力教育协会审定
《配电网建设改造行动计划》技术培训系列教材

PEIDIANWANG WANGJIA JIEGOU YU YINGYONG ANLI

配电网网架结构与应用案例

国网浙江省电力有限公司 国网宁波供电公司 组编

U0246650

中国电力出版社
CHINA ELECTRIC POWER PRESS

内 容 提 要

本书以实际案例的形式，介绍了配电网典型接线方式、目标网架制订、过渡方案选取，以及典型结构性问题解决方案等内容，能够有效帮助使用人员理顺规划思路，从而因地制宜地规划、设计、选择与本地区发展相适应的配电网网架结构。

本书共7章，内容包括概述、配电网网架结构构建基本原则及典型接线模式、中心城区网架结构选择与案例、新型城镇区域网架结构选择与案例、美丽乡村区域网架结构选择与案例、农牧区域网架结构选择与案例和配电网新技术展望及国外配电网网架。

本书可供从事配电网规划的相关人员使用，也可供高等院校相关专业师生参考。

图书在版编目（CIP）数据

配电网网架结构与应用案例 / 国网浙江省电力有限公司，国网宁波供电公司组编. —北京：中国电力出版社，2018.12

ISBN 978-7-5198-2481-5

Ⅰ.①配…　Ⅱ.①国…　②国…　Ⅲ.①配电系统–网架结构　Ⅳ.①TM727

中国版本图书馆 CIP 数据核字（2018）第 223918 号

出版发行：中国电力出版社
地　　址：北京市东城区北京站西街 19 号（邮政编码 100005）
网　　址：http://www.cepp.sgcc.com.cn
责任编辑：罗　艳（yan-luo@sgcc.com.cn，010-63412315）
责任校对：黄　蓓　常燕昆
装帧设计：赵丽媛
责任印制：石　雷

印　　刷：三河市万龙印装有限公司
版　　次：2018 年 12 月第一版
印　　次：2018 年 12 月北京第一次印刷
开　　本：710 毫米×1000 毫米　16 开本
印　　张：10
字　　数：175 千字
印　　数：0001—3000 册
定　　价：48.00 元

《配电网建设改造行动计划》教材建设委员会

主　任　王志轩

副主任　赵一农　张志锋　张成松　吴国青

委　员　（按姓氏笔画排序）

王成山　王立新　白凤英　吕益华　刘永东

刘广峰　李有铖　李庚银　吴志力　黄成刚

盛万兴　董旭柱

《配电网建设改造行动计划》教材编审委员会
（按姓氏笔画排序）

主　任　张志锋

副主任　王成山　王立新　曹爱民　盛万兴

委　员　于　辉　支叶青　王承玉　王焕金　宁　昕

刘永东　刘润生　刘广峰　刘长林　孙竹森

杜红卫　杨大为　杨卫红　李有铖　李　海

李宏伟　林　涛　赵海翔　赵江河　胡　滨

侯义明　徐纯毅　郭　力　彭　江　董旭柱

童瑞明　樊全胜　冀　明

本书编写人员名单

主　　编　孙　可

副 主 编　姚　艳　方佳良

编写人员　许家玉　翁秉宇　查伟强　豆书亮

　　　　　王　蕾　潘　弘　朱圣盼　鲍　眺

　　　　　屠新强　姚剑琪　张　立　章宏娟

　　　　　王　强

教材编审委员会本书审定人员

主　　审　周　平

参审人员　（按姓氏笔画排序）

　　　　　何英静　何禹清　侯义明　顾明宏

总前言

为贯彻落实中央"稳增长、调结构、促改革、惠民生"有关部署,加快配电网建设改造,推进转型升级,服务经济社会发展,国家发展改革委、国家能源局于 2015 年先后印发了《关于加快配电网建设改造的指导意见》(发改能源〔2015〕1899 号)和《配电网建设改造行动计划(2015—2020 年)》(国能电力〔2015〕290 号),动员和部署实施配电网建设改造行动,进一步加大建设改造力度,建设一个城乡统筹、安全可靠、经济高效、技术先进、环境友好的配电网设施和服务体系。

为配合《配电网建设改造行动计划(2015—2020 年)》的实施,保证相关政策和要求落实到位,进一步提升电网技术人员的素质与水平,建设一支坚强的技术人才队伍,中国电力教育协会自 2016 年开始,组织修编和审定一批反映配电网技术升级、符合职业教育和培训实际需要的高质量的培训教材,即《配电网建设改造行动计划》技术培训系列教材。

中国电力教育协会专门成立了《配电网建设改造行动计划》教材建设委员会、教材编审委员会,并根据配电网特点与培训实际在教材编审委员会下设规划设计、配电网建设、运行与维护、配电自动化、分布式电源与微网、新技术与新装备、标准应用和专项技能 8 个专业技术工作组,主要职责为审定教材规划、目录、教材编审委员会名单、教材评估标准,推进教材专家库的建设,促进培训教材推广应用。委员主要由国家能源局、中国电力企业联合会、国家电网有限公司、中国南方电网有限责任公司、内蒙古电力(集团)有限责任公司等相关电力企业(集团)人力资源、生产、培训等管理部门、科研机构、高等院校以及部分大型装备制造企业推荐组成。常设服务机构为教材建设委员会办公室,由中国电力教育协会联合国网技术学院、中国南方电网有限责任公司教育培训评价中心和中国电力出版社相关工作人员组成,负责日常工作的组织实施。

为规范《配电网建设改造行动计划》教材编审工作,中国电力教育协会组织审议并发布了《中国电力教育协会〈配电网建设改造行动计划〉教材管理办法》和《中国电力教育协会〈配电网建设改造行动计划〉教材编写细则》，指导和监督教材规划、开发、编写、审定、推荐工作。申报教材类型分为精品教材、修订教材、新编教材和数字化教材。于 2016～2020 年每年组织一次教材申报、评审及教材目录发布。中国电力教育协会定期组织教材编审委员会对已立项选题教材进行出版前审核，并报教材建设委员会批准，满足教材审查条件并通过审核的教材作为"《配电网建设改造行动计划》技术培训系列教材"发布。在线申报/推荐评审系统为中国电力出版社网站 http://www.cepp.sgcc.com.cn，邮件申报方式为 pdwjc@sgcc.com.cn，通知及相关表格也可在中国电力企业联合会网站技能鉴定与教育培训专栏下载。每批通过的项目会在该专栏以及中国电力出版社网站上公布。

　　本系列教材是在国家能源局的技术指导下，中国电力企业联合会的大力支持和国家电网有限公司、南方电网公司等以及相关电力企业集团的积极响应下组织实施的，凝聚了全行业专家的经验和智慧，汇集和固化了全国范围内配电网建设改造的典型成果，实用性强、针对性强、操作性强。教材具有新形势下培训教材的系统性、创新性和可读性的特点，力求满足电力教育培训的实际需求，旨在开启配电网建设改造系列培训教材的新篇章，实现全行业教育培训资源的共享，可供广大配电网技术工作者借鉴参考。

　　当前社会，科学技术飞速发展，本系列教材虽然经过认真的编写、校订和审核，仍然难免有疏漏和不足之处，需要不断地补充、修订和完善。欢迎使用本系列教材的读者提出宝贵意见和建议，使之更臻成熟。

中国电力教育协会

《配电网建设改造行动计划》教材建设委员会

2017 年 12 月

前　言

　　为落实国家能源局《配电网建设改造行动计划（2015—2020）》（国能电力〔2015〕290 号），进一步提升配电网技术人员素质与水平，中国电力教育协会印发了《关于开展〈配电网建设改造行动计划〉教材编审委员会委员和首批教材申报工作的通知》，成立了《配电网建设改造行动计划》教材建设委员会，组织修编和审定一批反映配电网技术升级、符合职业教育和培训实际需要的高质量培训教材。

　　根据国网人资部关于开展《配电网建设改造行动计划》教材编审委员会和教材申报工作的通知，国网宁波供电公司发展策划部在国网浙江省电力有限公司发展策划部指导下，申报编制了《配电网网架结构与应用案例》。

　　浙江省宁波市配电网经过多年的规划建设发展，基本形成了达到国际一流标准的城市电网、多种新型城镇化特色的城镇电网、美丽乡村典型的农村电网等多层次配电网。除了偏远农牧区域配电网 E 类型之外，具备 A+、A、B、C、D 所有的典型类型，积累了丰富的配电网规划建设经验，走在国家电网配电网规划建设前列。

　　本书在编写过程中，得到国网浙江省电力有限公司、国网宁波供电公司、系统内其他兄弟单位，南方电网公司、中国电力出版社等相关领导、编辑的大力支持，获得国内教授学者的鼎力帮助，并有来自上海昌泰求实电力新技术有限公司技术团队的倾力协作。在此，编者对以上所有单位、领导、专家、技术人员的辛勤劳动，表示衷心的感谢！

　　限于编者水平，内容不妥之处，恳请各位专家、读者批评指正。

教材编写组

2018 年 7 月

目　录

1 概　　述

1.1　配电网概述

1.1.1　配电网的定义

电力生产过程通常包括发电、输电、变电、配电、用电五个基本环节。由发电厂、输变电线路、设备、配电设备、用电设备及其生产过程连接起来的有机整体，称为电力系统。电力系统中，由输电、变电、配电设备及各电压等级的电力线路所组成的部分称为电力网，简称电网。

配电网指从电源侧（输电网、发电设施、分布式电源等）接受电能，并通过配电设施就地或逐级分配给各类用户的电力网络。

按电压等级可将配电网分为高压配电网、中压配电网和低压配电网三部分[2]。高压配电网与输电网直接相连，接收来自输电网的电能，直接向大负荷高电压用户供电，或经中、低压配电网向中低压用户供电。

结合我国电力系统现状，各级配电网电压等级的划分[3]，一般分为如下几级：

高压配电网电压等级：35～110kV；

中压配电网电压等级：10（6）～20kV；

低压配电网电压等级：0.4kV。

1.1.2　配电网的基本要求

国家电网有限公司重视配电网建设改造工作，针对目前配电网存在的问题，明确了"四个一"的工作要求（项目储备"一图一表"、设备选型"一步到位"、建设工艺"一模一样"、管控信息"一清二楚"）。

"安全可靠、优质高效、绿色低碳、智能互动"是配电网建设发展的本质要求。随着社会进步与人们生活水平的不断提升，对配电网的要求也不断发生变化，从早期的满足基本用电需求，向提高供电安全、提升用电体验逐步转变。

随着多元化负荷与清洁能源接入的日渐增加，配电网又将应对能源利用方式转变的新形势。配电网建设发展的基本要求有以下几个方面：

（1）安全可靠。配电网建设需要采用成熟可靠、技术先进、自动匹配规范化程度高的配电设备，建成坚强合理、灵活可靠、标准统一的配电网结构，不断满足国民经济发展与人民生活水平提升所带来的用电需求增长适当超前本地社会发展与居民需求的供电可靠性。

（2）优质高效。通过完善电网结构、建立高效调控运维体系，加强经济运行管理、减少电能损耗、提高供电质量、提升设备利用效率，实现配电网资源优化配置和资产效率最优，提高配电网主管企业的可持续发展能力。

（3）绿色低碳。在新能源体系结构下，可以有效满足分布式电源及多元化负荷接入，满足清洁能源消纳，吸纳。不断适应服务于电动汽车充电设施发展的需求，保障充换电设施无障碍接入；通过注重节能降耗、节约资源，实现配电网与环境友好协调发展。

（4）智能互动。适应信息化发展变革的灵活需要，逐步构建能源互联网，提升配电为智能化水平，促进能源与信息深度融合，推动能源生产和消费革命，满足个性化、多元化用电需求，提高供电服务品质，实现源网荷友好互动。

1.2 配电网发展的机遇与挑战

随着社会经济发展水平的提高，新电改政策的推进，智能电网的进深发展，配电网发展在满足用电需求、提高供电可靠性和电能质量、满足新能源和多元化负荷的"全消纳""全接入"等方面，遇到了前所未有的多样化机遇与挑战，主要体现在以下几个方面：

（1）基础设施大量增加，网架结构需要灵活的网络拓扑。新形势下电力需求仍有较大的增长空间，需要增加大量基础设施。随着智能配电网的进深发展，网架结构需要规范、清晰、灵活的网络拓扑。然而，目前配电网的典型网络拓扑结构还不够清晰，需要进一步开展网架结构选择与优化。

（2）经济发展"新常态"，用电结构和投资需求改变。随着"新常态"下经济发展方式和经济结构调整，电力电量总体需求放缓，用电结构逐步由第二产业向第三产业和居民生活用电倾斜，全社会用电结构和负荷特性发生显著改变，高新技术、高精产业比重日益上升，对供电可靠性和用电质量提出了更高要求。要求配电网既要保证需要发展所需的刚性投入，又要讲求精准投资。通过结构优化与存量资产潜力挖掘实现投入产出效益最大化。

（3）新能源及多元化负荷发展，需要向现代主动配电网升级。随着新能源、分布式电源和多元化负荷的接入，配电网由"无源"变为"有源"，潮流由"单向"变为"多向"，配电网迫切需要融合信息、通信、控制、储能等多方面技术，建成为"源网荷"协调运行系统，对配电网实施主动监测和优化调控，充分电源出力，降低电网峰谷差，提高设备运行效率，为用户提供高可靠性、高电能质量的供电服务和增值服务，实现传统配电网向现代主动配电网的升级，以满足新能源及多元化负荷"全接入"和"全消纳"的目标。

（4）配电网具备众多新的特征，被赋予更多样化的平台角色。如更丰富的资源统筹调配能力，更强的不确定因素处理能力、更强的能源与信息融合能力，更加丰富的数据应用能力、具备定制化的供电服务能力，更加灵活的多元适应与调节能力等。如可再生能源消纳的支撑平台、多元海量信息集成的数据平台、多利益主体参与的交易平台、电气交通发展的支撑与服务平台。

1.3　配电网结构选择与优化的意义

1.3.1　配电网发展需求

进入 21 世纪以来，我国社会经济的飞速发展，2000～2010 年年均 GDP 增长在 10%左右，2011～2016 年年均 GDP 增长在 6%左右。同一时期各级配电网也经历了跳跃式的发展，电网规模迅速扩大，配电网建设发展过程中，多采用以增加变电站的容量、供电线路回路数目等方法来解决供电瓶颈的问题，缺少结构合理选择与优化，使部分地区配电网出现变电站布点散乱、配网结构复杂、不规范等诸多问题，造成一定程度的资源、设备、人力、维护的浪费，同时增加了配电网的不确定因素，对配电网安全、稳定、经济运行带来影响。

近年来我国已逐步进入后工业时代，即第一产业比重很低，第二产业比重开始下滑，第三产业比重明显上升，并超过第一、二产业，出现所谓的"国民经济第三产业化"趋向。随着社会经济的高速发展、城市化进程加快、经济结构转型以及多元化负荷接入，人们对电力的依赖与日俱增，对电力供应的不间断性、可靠性、经济性有了更高的要求，需要配电网运行更为灵活高效，更需要配电网结构能适应高效灵活、安全可靠的电网运行要求。

1.3.2　配电网结构选择与优化的意义

配电网网架优化属于复杂的优化问题，配电网本身就拥有大量的线路和负荷点，并且分布范围广泛，涉及因素多，要考虑各种约束条件、优化过程复杂繁琐[13-17]。以往传统做法，都是通过比较各个方案的技术经济性来确定最终方案。一般情况下，参数比较的方案是根据经验给出，所确定的方案主观性较大，缺乏客观依据，不利于配电网结构标准化建设。

配电网网架选择与优化工作是在已确定配电网供电变电站布点及供电范围、负荷分布及大小的情况下，合理确定若干年后配电网的目标网架，使配电网在保证安全可靠供电的同时，实现经济上的优化[11,12]。通过典型结构的选取、目标网架选定、过渡方式提出等，根据现有电网，因地制宜地规划、设计与社会发展相适应的配电网结构，保证配电网建设规范化、标准化，使配电网网架坚强、供电可靠高、投资经济性最优。

在网络结构优化方面，经济发达国家的城市配电网，强调网络结构在设计上考虑由下一电压等级网络的转移转供能力和配置多台变压器来保证供电可靠性，强化下级电压网络的负荷转移转供能力，强调各电压层次电网的协调配合，不要求层层"$N-1$"，适当考虑层与层之间的负荷转移转供和相互支持。

配电网结构优化是提高供电可靠性、经济性最直接最有效的途径，配电网结构优化的合理性直接影响着配电网自动化设施的投资效益，是配电自动化实施的前提和基础。

合理构建配电网目标网架与电网结构优化，对提高区域配电网供电可靠性、提升电网运行灵活性以及提升电力企业可持续发展能力具有重要作用。

此外，对配电网结构的优化规划可以降低系统的损耗及增加电网的运行效率，科学确定变电站的容量、位置和供电范围，达到系统有效运行管理的要求。

▶ 习　题 ◀

1. 结合配电网定义，说明配电网的基本要求。
2. 简述我国电力系统电压等级构成。
3. "新常态"下配电网遇到哪些新的机遇与挑战，结合所属配电网重点描述。
4. 结合本地区情况阐述建设"后工业"时代配电网网架优化的意义。

2 配电网网架结构构建基本原则及典型接线模式

2.1 总体目标与原则

2.1.1 供电区域划分

DL/T 5729—2016《配电网规划设计技术导则》中将供电区域依据其行政级别及负荷密度分为 A+、A、B、C、D、E 等六类，不同类别供电区域对应不同的配电网典型供电模式，分别涉及接线方式、电源选择、用户接入、配电自动化等不同的方面。因此，配电网结构选择应以供电区域划分为基础，差异化选择配电网的建设标准。

供电区域划分主要依据区域行政级别、未来负荷发展与需求状况，以及区域定位、用户重要性、用电水平等因素。目前配电网供区划分标准见表 2-1。

表 2-1 配电网供区划分标准

供电区域		A+	A	B	C	D	E
行政级别	直辖市	市中心区或 $\sigma \geqslant 30$	市区或 $15 \leqslant \sigma < 30$	市区或 $6 \leqslant \sigma < 15$	城镇或 $1 \leqslant \sigma < 6$	农村或 $0.1 \leqslant \sigma < 1$	—
	省会城市、计划单列市	$\sigma \geqslant 30$	市中心区或 $15 \leqslant \sigma < 30$	市区或 $6 \leqslant \sigma < 15$	城镇或 $1 \leqslant \sigma < 6$	农村或 $0.1 \leqslant \sigma < 1$	—
	地级市（自治州、盟）	—	$\sigma \geqslant 15$	市中心区或 $6 \leqslant \sigma < 15$	市区、城镇或 $1 \leqslant \sigma < 6$	农村或 $0.1 \leqslant \sigma < 1$	农牧区
	县（县级市、旗）	—	—	$\sigma \geqslant 6$	城镇或 $1 \leqslant \sigma < 6$	农村或 $0.1 \leqslant \sigma < 1$	农牧区

注 1. σ 为供电区域的负荷密度（MW/km²）。

2. 供电区域面积不宜小于 5km²。

3. 计算负荷密度时，应扣除 110（66）kV 专线负荷，以及高山、戈壁、荒漠、水域、森林等无效供电面积。

4. A+、A 类区域对应中心城市，B、C 类区域对应城镇区域；D、E 类区域对应乡村地区。

2.1.2 电压等级构成

合理的电压等级协调设置能够更好地促进城市经济发展。对于城区扩展规划初期，鉴于预测未来电力增长情况，设置较为合理的电压等级是非常重要的。对于电力负荷相对已经饱和的城市中心区域，综合考虑电网电压等级升级成本和社会影响成本，逐步完成较为合理电压等级升级。

简化电压等级序列在许多国家都是很常见的规划改造目标，通常通过省略 30～70kV 范围内的中间电压等级来实现，保留或逐步取消中间电压等级是基于经济分析和资产置换时间表的战略性决策。研究表明，一般在低压配电网之上，通常还有三层电网结构，包括：超高压（220～500kV）、高压（35～110kV）、中压（10～20kV）。理想情况下，各电压等级之间的变压系数一般在 2～5 之间，过大或过小都有可能是不经济的[18]。

我国高压配电网主要有 110、66kV 和 35kV 三个电压等级，中压配电网以 10kV 为主，局部地区采用 20kV 或 6kV，低压配电网为 0.38kV，我国各地区配电网主要电压等级序列见表 2-2。

表 2-2　　　　　　　　配电网电网电压序列选择使用情况

序号	电压序列	使用区域
1	110/10/0.38kV	三华地区和西北地区的市辖供电区以及东北地区的蒙东和黑龙江部分地区
2	110/35/10/0.38kV	三华地区和西北地区的县级供电区以及东北地区的蒙东和黑龙江部分地区
3	66/10/0.38kV	东北地区的辽宁和吉林以及蒙东和黑龙江部分地区
4	35/10/0.38kV	天津市、青岛市和威海市的市辖供电区
5	110/35/0.38kV	偏远农牧区
6	110/20/0.38kV	江苏、浙江省局部地区

电压等级和最高电压等级的选择，应根据现有实际情况和远景发展进行慎重研究后确定。配电网应尽量简化变电层次，一般情况下应少于四个变电层级。

2.1.3 总体目标与原则

1. 总体目标

合理的配电网结构是满足供电可靠性、提高运行灵活性、降低网络损耗的基础。网架构建的总体目标：在满足供电安全可靠性、提高运行灵活性、降低网络损耗的基础上，使高、中、低压配电网三个层级应相互协调适配、强简有序、相互支持，以实现配电网技术经济的整体最优。

2. 总体原则

（1）高压配电网。高压配电网目标网架实现以 220kV 或 330kV 变电站为中心、分片供电的模式，各供电片区正常方式下相对独立，但必须具备事故情况下相互支持的能力。其中，A+、A、B、C 类供电区的配电网结构应满足以下基本要求：

1）正常运行时，各变电站应有相互独立的供电区域，供电区不交叉、不重叠，故障或检修时，变电站之间应有一定比例的负荷转移、转供能力。

2）在同一供电区域内，变电站中压出线长度及所带负荷均衡分布，应有合理的分段和联络；故障或检修时，中压线路应具有转供停运段负荷的能力。

3）接入一定容量的分布式电源时，应合理选择接入点和接入电压等级，控制短路电流及电压波动。

4）高可靠性的配电网结构应具备网络重构能力，便于实现故障自动隔离。

D、E 类供电区的配电网以满足基本用电需求为主，重在安全用电和高质量电能供给可采用辐射状结构。

在电网建设的初期及过渡期，可根据供电安全准则要求与目标电网结构，选择合适的过渡电网结构，分阶段逐步建成目标网架。

（2）中压配电网。中压配电网应根据城市规划、上级变电站的布点、负荷密度和运行管理效率提升，结合地理环境，划分成若干相对独立的分区配电网。分区配电网应有明确供电范围，不宜交叉和重叠。

中压配电网宜采用环网接线、开环运行的网络结构，根据地区实际用电需求合理设置线路分段或环网节点数量，有效控制故障影响范围。

联络线路应优先来自不同的高压变电站，不具备条件时，应来自同一变电站不同的母线，变电站中压站间联络线路及可转供负荷数量应按能满足高压配电网安全运行水平进行校验。

中压配电网目标接线应综合分析区域发展定位、变电站布点、负荷分布、市政建设条件及现状中压配电网后进行确定，同一地市同一供电分区宜采用统一的一种目标接线。

中压配电网接线模式选择应考虑其能够适应各类用电负荷的接入与扩充；具有分布式电源、电动汽车充电设施的接纳能力；便于开展不停电作业；同时满足配电自动化发展需求，能够发挥社会效益与经济效益，并能有效防范故障连锁扩大。

（3）低压配电网。低压配电网结构应简单安全，规范化统一化采用以配电站为中心的放射型接线模式。

低压配电网应以配电站供电范围实行分区供电。低压架空线路可与中压架空线路同杆架设，但不应跨越中压分段开关区域。

负荷接入低压配电网时，应尽量保持三相负荷平衡。

2.2 配电网典型结构及目标接线模式

2.2.1 高压配电网结构模式

高压配电网络往往不是由一种接线模式构成，而是由若干种接线模式组成[19-21]。现阶段我国高压配电网有 110、66、35kV 三个电压等级[22-24]，目前城市高压配电网以 110kV 电压等级为主，66kV 电网主要存在于我国东北地区，35kV 电网在一段时间内曾大范围的存在，近年来除个别以 220/35kV 电压等级序列为主的城市仍保留并发展外，其他城市 35kV 电压等级正逐步退出公用电压等级序列。

城市高压配电网目标网架结构选择要以安全可靠、运行灵活、经济高效为原则，一般采用双侧链式接线，确保失去一侧电源情况下仍可以进行有效供电，同时便于高压送电电源点之间负荷转移与运行方式调整；根据变电站主变压器容量、主接线方式以及系统利用效率不同，总体上可以分为链式和环式两大类，变电站接入方式分为 T 接和 Π 接两种，通过不同的组合形成多种接线方式。

根据上级 220/330kV 变电站不同，区域负荷发展不同阶段及不同供电可靠性要求，110kV 配电网接线方式有所差异，主要分为链式接线、环式接线和辐射式接线三类。目标网架以链式为主，按照规模不同可以分为单链（环/辐射）、双链（环/辐射）和三链；变电站接入方式分为 T 接和 Π 接两类。经总结常见 110kV 电网典型接线方式有十一种模式，见表 2-3。

66kV 配电网接线方式以链式为主，部分负荷密度较低、用户分散度较高的地区采用辐射式接线，从调研结果看，目标网架接线方式多采用双链形式，变电站接入方式采用 T 接、Π 接混合方式，本书推荐链式与辐射式两大类四种接线方式，典型接线方式见表 2-4。

表 2-3　110kV 电网典型接线方式

序号	110kV 供电模式	示意图	结构描述	运行方式
1	模式一	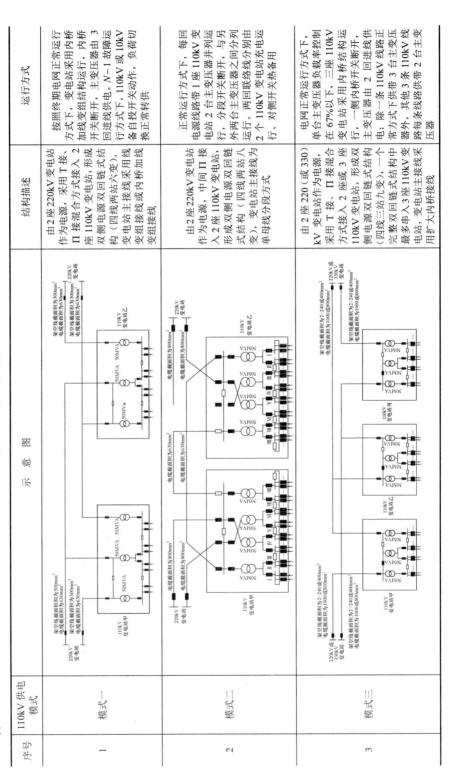	由 2 座 220kV 变电站作为电源,采用 T 接、Π 接混合方式接入 2 座 110kV 变电站,形成双侧双回链式结构(四线两站六变),变电站主接线采用线变组接线或单母线分段接线	按照终期电网正常运行方式下,变电站组变结构采用内桥运行,主变压器开关断开,主变由 3 回进线供电。N-1 故障运行方式下,110kV 或 10kV 负荷切备自投开关动作,换 110kV 或 10kV 结运供换正常开关转供
2	模式二		由 2 座 220kV 变电站作为电源,中间Π 接入 2 座 110kV 变电站,形成双侧双回链式结构(四线两站八变),变电站两侧为单母线分段接线	正常运行方式下,每回电源线路带 1 座 110kV 变电站 2 台主变压器并列运行,分段开关断开,与另外两台主变压器之间运行。两站网络线之间分列运行,2 个 110kV 变电站互为热备用
3	模式三		由 2 座 220(或 330)kV 变电站作为电源,采用 T 接入 2 座、Π 接混合 3 座 110kV 变电站,形成双电源双回链式结构(四线三站九变),一个完整双回链式结构最多串 3 座 110kV 变电站,变电站主接线采用扩大内桥接线	电网正常运行方式下,单台主变压器负载率在 67%以下,三座 110kV 变电站采用内桥运行,主变由 2 回进线供电。正常运行方式下串三台主变 110kV 线路正常供电,其他三条 110kV 线路作为线路备用;路每条线供带 2 台主变压器

序号	110kV供电模式	示意图	结构描述	运行方式
4	模式四	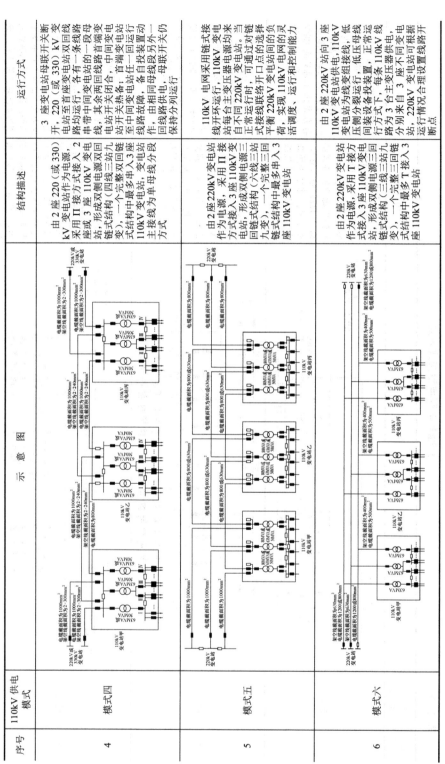	由2座220（或330）kV变电站作为电源，采用Ⅱ接方式接入3座110kV变电站，形成链式结构（四线双回链式结构九变三站），一个完整结构中最多串入3座110kV变电站，220kV变电站双回线主接线为单母线分段方式	3座变电站母联开关断开，220（或330）kV变电站至首座变电站双回线各有一条回线路运行，首端变电站开关站闭合，其余两回线路首端变电站开关站热备；中间变电站至首端变电站故障，线路故障，由线路供电，母线段另外回路供电保持分列运行
5	模式五		由2座220kV变电站作为电源，采用Ⅱ接方式接入3座110kV变电站，形成双侧电源三回（六线双回链式结构九变三站），一个完整结构中最多串入3座110kV变电站	110kV环网运行，220kV变电站每台主变运行，站内110kV变电站线路正常时不同运行正常方式，链式接线联络开关点平衡220kV电网间负荷，可通过对链接口点的选择活调度，实现110kV电网运行控制的灵活性
6	模式六		由2座220kV变电站作为电源，采用T接入3座110kV变电站，形成双侧电源三回三线（三线双回链式结构九变三站），一个完整结构中最多串入3座110kV变电站	由2座220kV站向3座110kV变电站为接线，110kV低压侧母线同压运行分裂设备运行，分别来自3座110kV变电站，正常运行路线三站三回，正常供电，220kV变电站可根据运行情况合理设置线路开断点

续表

序号	110kV供电模式	示意图	结构描述	运行方式
7	模式七	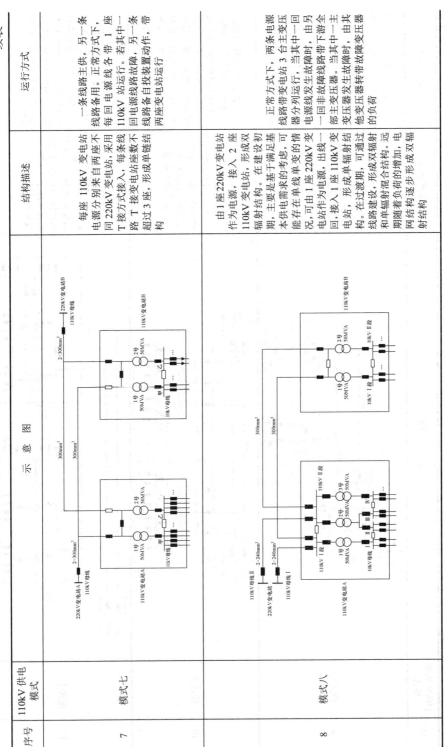	每座110kV变电站，电源分别来自两座不同220kV变电站，采用线路T接方式接入，每条变电站数不超过3座，形成单链结构	一条线路主供，另一条线路备用。正常方式下，每回电源线各带1座110kV站运行。若其中一回电源线路故障，另一条回电源备自投装置动作，带两座变电站运行
8	模式八		由1座220kV变电站作为电源，接入2座110kV变电站。在建设初期，主变是基于单变存在的情况，可由1座220kV变电站作为电源，出线1回，接入1座110kV变电站，形成辐射结构。在过渡期，可通过双辐射线路建设，形成双辐射和单辐射混合结构。远期随着负荷的增加，电网结构逐步形成双辐射结构	正常方式下，两条电源线路分列运行，3台主变压器分列运行，当其中一回主变压器发生故障时，由另一回非故障线路带下游全部主变压器。当线路发生故障时，由其他主变压器转带故障变压器的负荷

11

序号	110kV供电模式	示意图	结构描述	运行方式
9	模式九	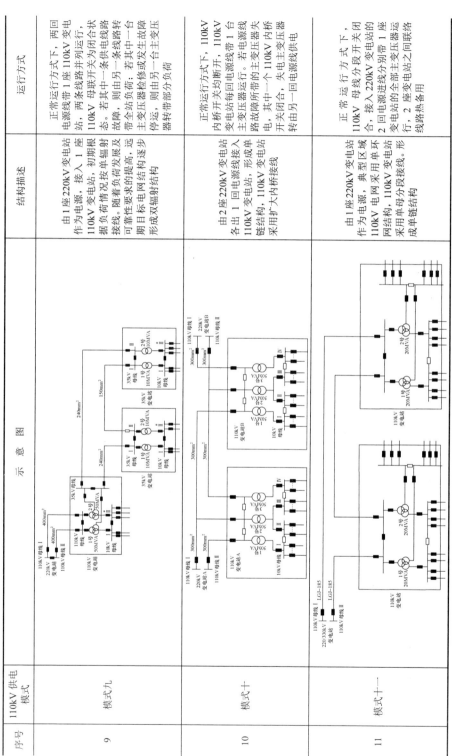	由1座220kV电源变电站，接入1座110kV变电站，初期按根据负荷情况按单辐射接线。随着负荷发展及可靠性要求的提高，远期目标电网结构逐步形成双辐射结构	正常运行方式下，两回电源线带1座110kV变电站，两条线路开关为列并合运行状态。若联络开关为列并合运行状态。若其中一条供电线路故障，则由另一条供电线路转带全站负荷，若其中一台主变压器检修或故障，则由另一台主变压器转带全部分负荷
10	模式十		由2座220kV变电站各引出1回电源线接入1座110kV变电站，形成单环链结构，110kV变电站接线采用扩大内桥接线	正常运行方式下，110kV内桥开关断开，110kV变电站每回电源线带1台主变压器运行。若主变压器故障带线路故障，其中一个110kV内桥开关闭合，失电主变压器转由另一回电源线供电
11	模式十一		由1座220kV电源变电站作为电源，典型区域110kV电网采用单环网结构，110kV变电站采用单辐射单链接线形成单辐射单链结构	正常运行方式下，110kV母线分段开关闭合，接入220kV变电站的2回电源进线分别带1座变电站的全部主变压器运行，2座变电站之间联络线路热备用

表 2-4

66kV 电网典型接线方式

序号	66kV供电模式	示意图	结构描述	运行方式
1	模式一	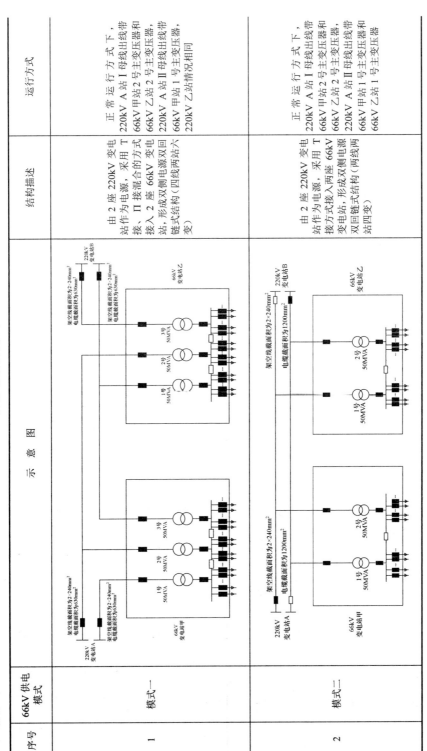	由2座220kV变电站作为电源，采用T接、Π接混合的方式，2座66kV变电站，形成双侧电源双回链式结构（四线两站六变）	正常运行方式下，220kV A站I母线出线带和66kV甲站2号主变压器，66kV乙站2号主变压器，220kV A站II母线出线带和66kV甲站1号主变压器，220kV乙站1号主变情况相同
2	模式二		由2座220kV变电站作为电源，采用T接方式接入两座66kV变电站，形成双侧电源66kV双回双链式结构（两线两站四变）	正常运行方式下，220kV A站I母线出线带和66kV甲站2号主变压器，66kV乙站2号主变压器，220kV A站II母线出线带和66kV甲站1号主变压器，66kV乙站1号主变压器

序号	66kV供电模式	示意图	结构描述	运行方式
3	模式三		单链结构由2座220kV变电站作为电源，接入2座66kV变电站，变电站Ⅱ接入66kV线路，形成链式结构	正常运行方式下，两侧220kV站出线分别带1座66kV变电站，66kV站间联络线路开关断开
4	模式四		双辐射结构由1座220kV变电站作为线路接入电源，采用双回线双辐射接入1~2座66kV变电站，形成双辐射接线	

35kV 配电网接线方式多采用辐射式接线，部分地区目标网架采用双链接线方式，典型接线方式推荐辐射式和链式两类共计三种接线方式，具体见表 2-5。

2.2.2 中压配电网结构及接线模式

中压配电网是指中压配电线路和配电变压器（开关站、配电所）组成的向低压配电网或用户提供电能的配电网。中压配电网主要有 20、10kV 和 6kV 三种电压等级，其中以 10kV 电压等级为主，20kV 电压等级在部分省市试点，6kV 电压等级主要存在于一些工矿企业及其供电的区域。

中压配电网网络结构分架空和电缆两类，电缆接线模式主要有单环模式、双环模式、三供一备等模式，共计六种典型方式，其中由于环网节点建设形式不同，单环模式分为单环式〔节点为环网室（箱）或配电室〕、变电站直供终端开关站模式、中心开关站供终端开关站模式，具体接线方式见表 2-6。

中压架空网典型接线方式主要有多分段单辐射、多分段单联络和多分段适度联络三种形式。对于中压配电网目标网架多分段适度联络接线方式中联络数量不超过 3 个，具体接线方式见表 2-7。

2.2.3 低压配电网结构模式

低压配电网主要接线模式，根据供电用户类型不同，主要内容包括电网结构、设备配置、供电范围、适用用户等信息。低压配电网结构依据负荷分布结构确定，可采用树干式、放射式、环形接线三种结构。低压配电网典型接线方式对比分析见表 2-8。

2.3 配电网接线模式的选择

2.3.1 高压配电网接线模式的选择

1. 不同接线模式特点

不同接线模式在适应性、可靠性和经济性方面具有一定差异，按照辐射式、环式和链式三种模式对高压电网接线方式进行分析，具体结果见表 2-9。

表 2-5　　35kV 电网典型接线方式

序号	35kV供电模式	示意图	结构描述	运行方式
1	模式一	220/110kV 变电站A；35kV 变电站甲	由1座220/110kV变电站作为供电电源，双辐射方式为35kV变电站供电。变电站主接线采用内桥接线	35kV电网采用双侧电源辐射接线，线路一变压器组运行，正常情况下采用直供方式
2	模式二	220/110kV 变电站B；220/110kV 变电站A；35kV 变电站甲	由2座220/110kV变电站作为直供电源，采用35kV辐射接入方式，形成双电源主接线采用线路一变压器组接线	35kV电网采用双侧电源辐射接线，线路一变压器组运行，正常情况下采用直供方式

续表

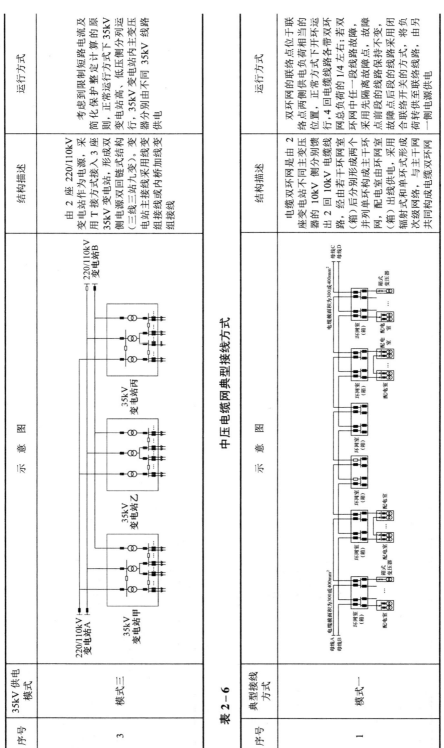

序号	35kV供电模式	示意图	结构描述	运行方式
3	模式三		由2座220/110kV变电站作为电源,采用T接方式接入3座35kV变电站,形成双侧电源双回链式结构(三线三站九变),变电站主接线采用线变组接线或变电站内桥加线变组接线	考虑到限制短路电流及简化保护整定方式的原则,正常运行方式高、低压侧分列运行,35kV变电站内主变压器分别由不同35kV线路供电

表2-6　中压电缆网典型接线方式

序号	典型接线方式	示意图	结构描述	运行方式
1	模式一		电缆双环网是由2座变电站不同主变压器的10kV侧分别馈出2回10kV电缆线路,经由4座干环网室(箱)后分别构成两个并列单环式主干环网,配电室单环室形成辅助网,采用辐射式和单环式形成次级网络,与主干网共同构成电缆双环网	双环网的供电点位于联络点两侧荷载相当的供网络,正常方式下开环运行,4回电缆线路各带双环网总负荷的1/4左右;若某环网线路故障,故障点采用先隔离一段线路的方式,采用先隔离故障点后段的线路保持不变,将合联络开关将负荷转供至联络线路,由另一侧电源供电

序号	典型接线方式	示意图	结构描述	运行方式
2	模式二	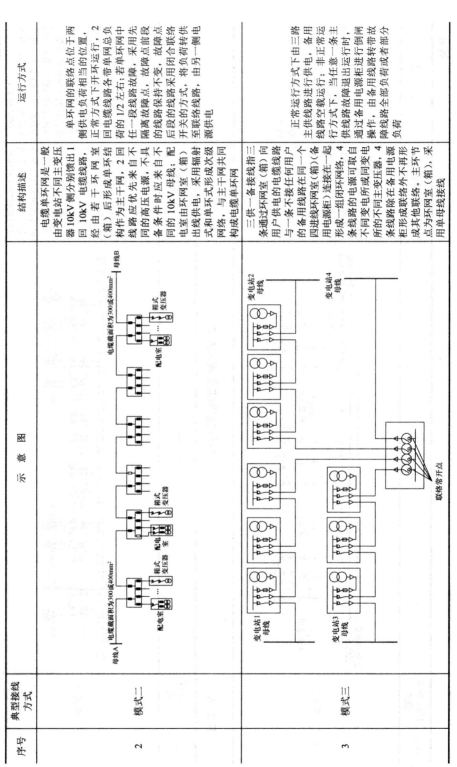	电缆单环网是一般由变电站不同主变压器侧分别馈出1回10kV电缆线路，经由若干环网结构（箱）后形成单环网，2回电缆线路应优先来自不同的高压电源，备电源时应来自不同的10kV母线供电；配电室（箱）出线采用辐射式和单环式形成双级网络，与主干网共构成电缆单环网	单环网的联络点位于两侧供电负荷相当的位置，正常方式下开环运行，2回电缆线路各带单环网总负荷的1/2左右，任一段线路故障，隔离故障点，故障点前段的线路保持闭合联供，后段的线路采用先合联络点，将负荷转供至联络线路，由另一侧一侧电源供电
3	模式三		三供一备线指三条电缆线路（箱）向用户供电任何一个用户，一条备用线的四进线环网柜连接在同一电源（箱）连接起来，形成一组闭合环形网络，4条线路的电源可取自同一变，4所的不同主变电源不同变或取自联络网络的不同变电所除形成其他环形网络。主供（箱），采用单母线接线	正常运行由三路主供线路进行供电，备用线路空载运行；供电方式下，非正常运行方式下，当备用电源故障退出运行时，通过备用线路进行倒闸操作，由备用线路转带故障线路全部或者部分负荷

序号	典型接线方式	示意图	结构描述	运行方式
4	模式四	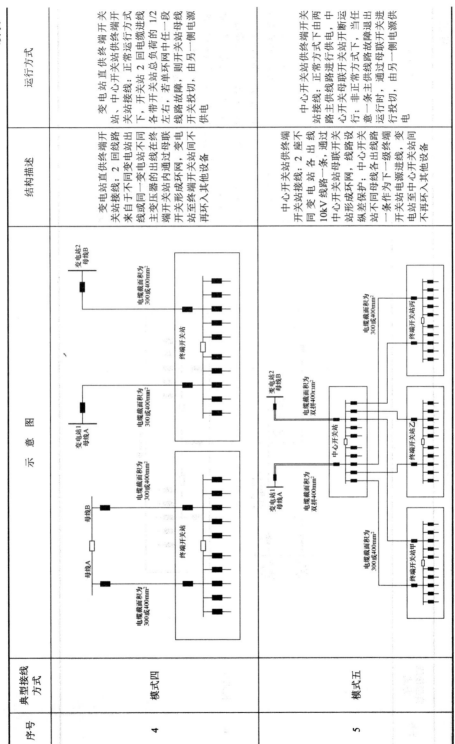	变电站直供终端开关站接线：2回线路来自于不同变电站出线或同一变电站不同母线的出线通过终端开关形成环网，变电站至终端开关站间不再环入其他设备	变电站直供终端开关站，中心开关站终端开关方式；正常运行方式下，开关站2回电缆进线各带环网总负荷的1/2左右，若单条线路故障，则开关中任一段线路故障，由另一侧电源供电
5	模式五		中心开关站供终端开关站接线：2座变电站各出线一条10kV线路，通过中心开关站母联开关、线路开关设纵差保护；中心开关站各出线母线一条作为下一级变电站电源进线，中心开关站至中心开关站不再环入其他设备	中心开关站供终端开关站接线；正常方式下由两路主供线路进线供电，中心开关站母联开关断开运行；非正常方式下，当任意一条主供线路故障退出运行时，通过母联开关进线投入运行，由另一侧电源供电

序号	典型接线方式	示意图	结构描述	运行方式
6	模式六	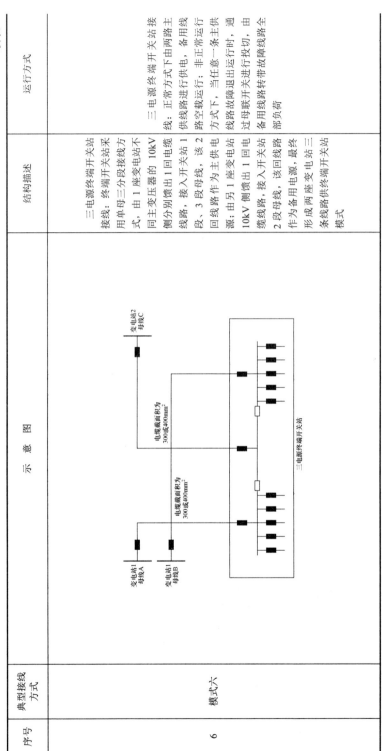 变电站1 出线A　变电站1 出线B　变电站2 出线C 电缆截面积为300或400mm²　电缆截面积为300或400mm² 三电源终端开关站	三电源终端开关站接线：终端开关站采用单母三分段接线方式，由1座变电器的10kV侧主同分别馈出1回电缆线路，接入开关站1段、3段母线，该2段线路作为主供电源，由另1座变电站10kV侧馈出1回电缆线路，接入开关站2段母线，该回线路作为备用电源，最终形成两座变电站供三条线路供电终端开关站模式	三电源终端开关站接线：正常方式下由两路主供线路进行供电，备用线路空载运行；非正常运行方式下，当任意一条主供线路故障退出运行时，通过联络开关进行投切，由备用线路转带故障线路全部负荷

表2-7　中压架空网典型接线方式

序号	典型接线方式	示意图	结构描述	运行方式
1	模式一	母线　出口断路器（常闭）　分段开关（常闭）	辐射式接线简单清晰，运行方便，建设投资低	当线路或设备故障、检修时，用户停电范围大，但主干线可分为若干（一般2~3）段，以缩小事故和检修停电范围；当电源故障时，不满足N-1要求，但主干线正常运行时的负载率可达到100%。有条件或必要时，可发展成同站单联络或异站单联络，用于无高可靠性要求、变电站布点稀疏的地区
2	模式二	母线Ⅰ　母线Ⅱ　出口断路器（常闭）　分段开关（常闭）　联络开关（常开）	架空多分段单联络是通过一个联络开关，将来自不同变电站（开关站）的不同中压母线或同变电站的两条馈线连接起来，一般分为本变电站和变电站间单联络两种	架空多分段单联络网络结构中任何一个区段供到相邻馈线完成转供，满足N-1要求。多分段单联络接线模式的负载率为50%。多分段单联络接线模式的优点是可靠性比较高，接线清晰，运行比较灵活。在线路负荷允许的条件下，通过切换操作可以使非故障段恢复供电，线路故障时可达到50%
3	模式三	母线Ⅰ　母线Ⅱ　母线Ⅲ　出口断路器（常闭）　分段开关（常闭）　联络开关（常开）	架空多分段适度联络网络结构是通过2~3个联络开关，将来自不同变电站（开关站）或不同变电站的一条馈线与来自同变电站（开关站）的其他两条馈线连接起来，任何一个区段故障，均可通过联络开关将负荷转供到相邻网络线路，线路分段及负荷变动应随网络结构的设置进行相应调整	架空多分段适度联络网络结构中任何一个区段供到相邻馈线完成转供，将负荷转供结构的特点和优势是满足N-1要求。三分段适度联络的特点可以有效提高线路的负载率，主干线正常运行时以有三分段两线联络时不必要的备用容量，三分段两线联络可达到67%，三分段三联络负载率可达到75%

表 2-8 低压配电网典型接线方式

接线方式	示意图	结构描述	运行方式
树干式接线	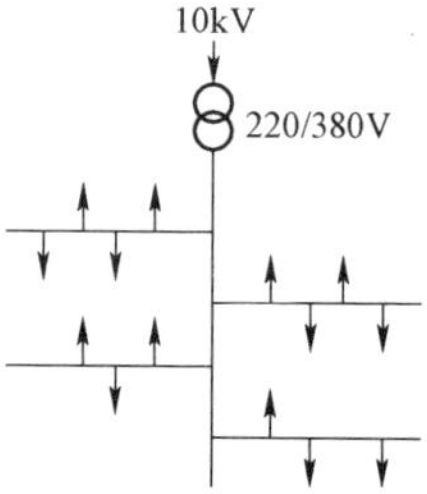 10kV 220/380V	这种电网直接从配电变压器台区低压引出主干线，沿线敷设，再由主干线引出干线，对用电设备供电	正常运行方式下，由主干线引出干线，经低压断路器和负荷开关，对用电设备供电
放射式接线	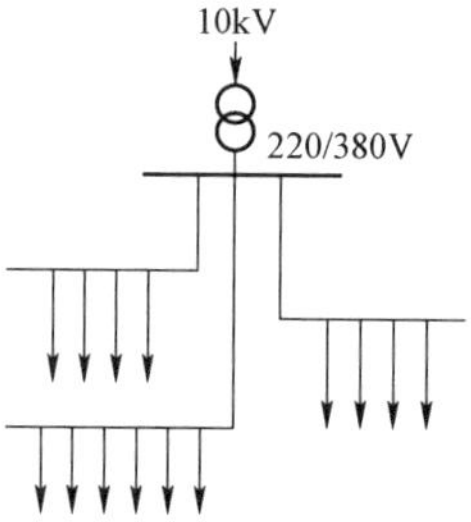 10kV 220/380V	由配电变压器台区低压侧引出多条独立线路，供给各个独立的用电设备或集中负荷群	正常运行方式下，由配变低压侧引出多条独立线路，对用电设备供电

表 2-9 不同接线特点分析

接线方式	示意图	特点分析
单辐射	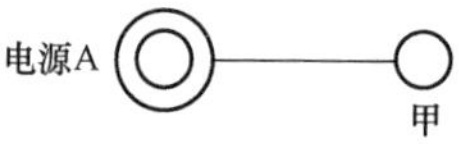 电源A 甲	单辐射接线供电可靠性低，不满足 $N-1$ 导则，运行不灵活；在负荷密度低供电可靠性需求较低地区有一定适应性；设备利用效率高，建设成本较低
双辐射	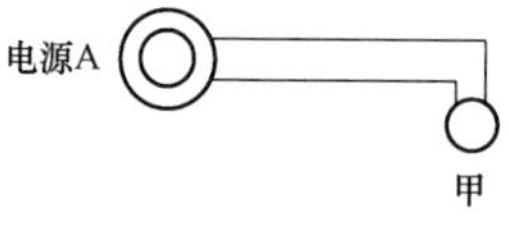 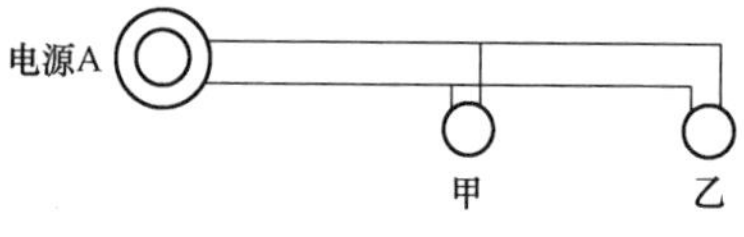 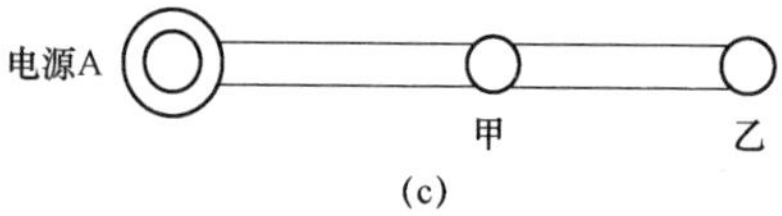 电源A 甲 (a) / 电源A 甲 乙 (b) / 电源A 甲 乙 (c)	双辐射接线可以满足高压线路、主变压器 $N-1$ 导则，具有一定可靠性；运行方式，灵活性不高；在上级电源不完备的情况下具有较高的适应性；建设成本较低

接线方式	示 意 图	特点分析
单环式	电源A 甲 乙	满足 $N-1$ 导则,具备一定供电可靠性,但失去一侧电源时另一侧供电线路负载水平较高;运行方式不灵活,在上级电源不完备的情况下具有一定的适应性;建设成本较低
双环式	电源A 甲 乙	满足 $N-1$ 导则,具有较高供电可靠性,运行方式相对灵活,适用于上级电源不完备,但区域供电可靠性需求较高的区域,建设投资较大
单链	电源A 甲 乙 电源B	满足 $N-1$ 导则,失去一侧电源时另一侧供电线路负载水平较高;运行方式不灵活,适用于负荷密度不高,供电可靠性需求不高区域,建设投资较低
双链	电源A 甲 乙 电源B T接	满足 $N-1$ 导则,供电可靠性较高,运行方式不灵活,适用于变电站为两台主变压器
	电源A 甲 乙 电源B Π接	供电可靠性高,满足 $N-1$ 准则,运行方式较为灵活,适用于大部分地区高压电网
	电源A 甲 乙 电源B T、Π混合	供电可靠性较高,满足 $N-1$ 准则,运行方式较为灵活,适用于大部分地区高压电网,可以作为目标网架接线方式,经济性较高
三链	电源A 甲 乙 丙 电源B T接	供电可靠性较高,满足 $N-1$ 准则;运行方式灵活,可以作为高负荷密度地区目标网架接线,变电站可用容量及线路利用率高达67%,具有一定经济性
	电源A 甲 乙 丙 电源B Π接	适用于220kV变电站间110kV联络较强,且负荷密度高、线行资源紧张、对供电安全性要求高的地区;适用于同塔多回架空线路。电网建设投资较大。削弱了220kV变电站间的转供电能力,110kV出线间隔利用率及线路运行灵活性较低,电网接线结构较为复杂

2. 目标网架接线模式选择

高压配电网接线模式的选择，主要考虑电压等级序列优化、变电站容量及接线、负荷密度、供电可靠性、经济性等。同一地区高压配电网网络接线型式应标准化。根据不同类型接线模式特点分析结果，不同类型供电区需求高压接线模式可按表2-10所示的推荐结果选择。

表2-10　　　　　　　　高压配电网目标电网结构推荐表

供电区域类型	推荐电网结构
A+、A 类	宜采用链式结构
	在上级电网较为坚强且中压配电网具有较强的站间转供能力时，也可采用双辐射结构
B 类	宜采用链式结构
	上级电源点不足时，可采用双环网结构
	在上级电网较为坚强且中压配电网具有较强的站间转供能力时，也可采用双辐射结构
C 类	宜采用链式、环网结构
	也可采用双辐射结构
D 类	可采用单辐射结构
	有条件的地区也可采用双辐射或环网结构
E 类	可采用单辐射结构

A+、A、B 类供电区域 110～35kV 变电站宜采用双侧电源供电，条件不具备或电网发展的过渡阶段，也可同杆架设双电源供电，但应加强中压配电网的联络。变电站接入方式可采用 T 接或 Π 接方式。

变电站电气主接线应根据变电站在电网中的地位、出线回路数、设备特点、负荷性质及电源与用户接入等条件确定，并满足供电可靠性、运行灵活、操作检修方便、节约投资和便于扩建等要求。变电站的高压侧以桥式、环入环出、单母线分段接线为主，也可采用线变组接线。

3. 高压配电网结构过渡

随着高压变电站的新建和扩容，地区配电网配套也要逐年发生改变，这就涉及电网结构的过渡问题。应根据地区的实际情况及时进行网架过渡，由一种供电模式过渡到另一种供电模式，如图2-1所示。

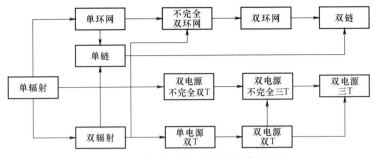

图 2-1　高压配电网结构过渡示意图

（1）随着高压变电站个数的增加，可以考虑将 2 座单电源一线一变单辐射模式，中间增加一根联络线，过渡到单电源三线二变单环网模式；再由单环网模式，过渡到不完全双环网，然后再过渡到双环网模式，以及双链模式。

（2）随着高压变电站个数的增加，可以考虑由单电源一线一变单辐射模式，过渡到单电源两线一变双辐射模式；再由单电源两线一变双辐射模式，过渡到单电源两线两变双辐射模式。

（3）随着上级 220/330kV 电源布点的增加，由 2 座不同上级电源点的单电源一线一变的单辐射模式，中间增加一根联络线，可以过渡到单链模式；单环网模式也可以解环，和另一个上级电源点相连，过渡到单链模式；逐渐由单链模式过渡到双链模式。

（4）随着上级 220/330kV 电源布点的增加，由 2 座不同上级电源点的单电源一线一变的单辐射模式，过渡到双电源不完全双 T 接；随着高压变电站个数的增加，以及变电站内主变压器台数的增加，再过渡到双电源不完全三 T 接，再过渡到双电源三 T 接模式。

在电网规划建设的过程中，可根据电网建设的不同阶段，选择与之匹配的电网结构，使网架结构逐步过渡到最终的目标电网结构。高压配电网网架结构目标接线推荐见表 2-11。

表 2-11　　　　　高压配电网网架结构目标接线推荐表

供电分区	链式接线		T 接线	
	过渡接线	目标接线	过渡接线	目标接线
A+、A 类	双辐射双侧电源不完全双链	双侧电源完全双链	单侧电源双 T 单侧电源三 T 双侧电源双 T Π 式双 T 接线	双侧电源三 T Π 式三 T 接线

供电分区	链式接线		T 接线	
	过渡接线	目标接线	过渡接线	目标接线
B 类	双辐射 双侧电源不完全双链 单侧电源不完全双链	双侧电源完全双链 单侧电源不完全双链	单侧电源双 T 单侧电源三 T 双侧电源双 T Ⅱ 式双 T 接线	双侧电源三 T Ⅱ 式三 T 接线
C、D 类	双侧电源不完全双链 单侧电源不完全双链 单侧电源单链 双侧电源单链 双辐射、单辐射	双侧电源不完全双链 单侧电源不完全双链 双辐射（不同走廊）		
E 类	单辐射	双辐射		

2.3.2 中压配电网接线模式的选择

1. 不同接线模式特点

中压配电网不同接线方式，具有不同的典型特点。考虑到实际应用的可行性，在接线方式选择之前，首先介绍 7 种具有代表性的接线方式的特点，具体情况见表 2-12。

表 2-12　　　　　　　　　不同类型接线方式特点

接线方式	示　意　图	特点分析
辐射状		单辐射接线简单，投资少，线路利用率高，最高 100%，经济性好。供电可靠性低，故障或检修时不能满足转供电要求
多分段单联络		多分段单联络接线简单，投资较少，运行较为灵活，线路利用率为 50%。满足 $N-1$

接线方式	示意图	特点分析
多分段适度联络	母线 Ⅰ　母线 Ⅱ　母线 Ⅲ　■ 出口断路器（常闭）　分段开关（常闭）　□ 联络开关（常开）	多分段适度联络结构较为复杂，运行方式灵活，线路利用率较高，可以满足 $N-1$，若规范性控制不强，则容易形成复杂联络，增加运行风险
单环式	母线 Ⅰ　母线 Ⅱ　■ 出口断路器（常闭）　开关常闭　□ 开关常开	电缆单环式接线方式简单，供电可靠性高，运行灵活，可满足 $N-1$。线路利用率为 50%
双环式	母线 Ⅰ　母线 Ⅲ　母线 Ⅱ　母线 Ⅳ　■ 出口断路器（常闭）　开关常闭　□ 开关常开	电缆双环式供电可靠性较高，可就近为用户提供双路电源，线路利用率为 50%，可满足 $N-1-1$ 要求。电网建设投资较高
N 供一备（$2 \leqslant N \leqslant 4$）	"2-1" 接线方式　"3-1" 接线方式　"2-1" 互为备用接线方式　"4-1" 接线方式	N 供一备接线供电可靠性高，满足 $N-1$，设备利用率 50%～75%。联络点受地理位置及负荷分布等因素的影响较大
不同母线出线的开关站直供	变电站A　变电站B　开关站	这种接线供电可靠性高，网架结构清晰，运行比较灵活，易于调度管理。具有很强的负荷转带能力。满足 $N-1$

2. 不同接线方式的供电可靠性与经济性

中压配电网典型接线方式选择，与地区电网发展历史、负荷密度、供电可靠性需求、投资经济性等多种因素相关。可靠性和经济性要求常常相互矛盾，可靠性的提高必然会带来线路和设备建设规模、运维成本的增加。因此，对配电网规划、建设和运维管理来说，保持可靠性和经济性的合理平衡，是选择接线方式时考虑的一个重要问题。

根据不同负荷密度下典型接线方式供电可靠性理论计算结果可以看出：由架空线辐射接线变为电缆环网接线时，供电可靠性明显提升；架空三种接线方式中，多分段适度联络的供电可靠性最优；电缆三种接线方式中，供电可靠性差异不明显；同一种接线方式下，随着负荷密度的增长，供电可靠性递增。具体变化情况如图 2-2 所示，具体计算结果见附录 B 中的表 B-9。

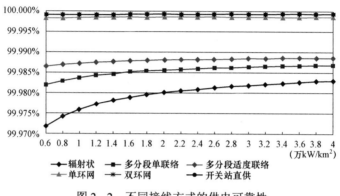

图 2-2　不同接线方式的供电可靠性

根据不同负荷密度下典型接线方式单位投资计算结果可以看出：电缆环网接线投资远大于架空线路接线投资；架空三种接线方式中，随着联络数量的增加，单位负荷建设投资随之增加；电缆三种接线方式中，双环网投资>开关站直供投资>单环网投资；同一种接线方式下，随着负荷密度的增加，单位负荷建设投资呈现逐步下降的趋势。不同接线方式电网建设单位投资变化如图 2-3 所示，具体单位投资计算结果见附录 B 中表 B-10。

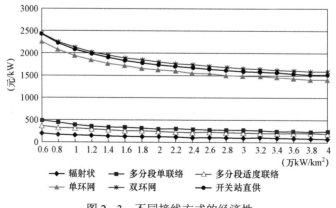

图 2-3　不同接线方式的经济性

通过对目前配电网典型接线方式的供电可靠性、经济性差异分析，综合两种要求，在负荷密度较低时，优先选取辐射状；随着负荷密度增加，多分段适度联络从供电可靠性和经济性综合最优；随着负荷密度的继续增长，当供电可靠性要求在 99.99%以上时，可选择电缆接线以提高供电可靠性；单环网、双环网、开关站直供三种方式中，供电可靠性差异不大，在小数点后 4 位；经济性方面，单环网投资＜开关站直供投资＜双环网投资。

3. 目标接线方式选择

中压配电网接线方式的选择，主要是根据负荷密度与接线方式的匹配，按负荷密度对应供电区域的推荐表选择。不同供电区域类型中压配电网目标电网结构推荐见表 2-13。

表 2-13　　　　　　　中压配电网目标电网结构推荐表

供电区域类型	推荐电网结构
A+、A 类	架空网：多分段适度联络
	电缆网：双环、单环、N 供一备（$2 \leqslant n \leqslant 4$）
B 类	架空网：多分段适度联络
	电缆网：单坏、N 供一备（$2 \leqslant n \leqslant 4$）
C 类	架空网：多分段适度联络
	电缆网：单环
D 类	架空网：多分段适度联络、辐射
E 类	架空网：多分段适度联络、辐射

4. 中压配电网结构过渡

随着负荷的增长和变化，中压配电网网络结构能够平滑、灵活地过渡到另外一种网络结构，适应不断增长的供电质量和供电可靠性要求，不存在建设而又大面积复拆的现象。灵活的配电网络结构过渡方式是保证配电网建设长期经济性的重要手段[31-36]。

中压配电网络结构过渡按中压线路类型，可分成两种过渡模式：对于架空网，可采取单辐射—单联络—多分段适度联络的过渡模式；对于电缆网，可采用单射式—单环网—双环网的模式，或单射式—双射式—双环网的模式。10kV电网结构过渡示意图如图 2-4 所示。

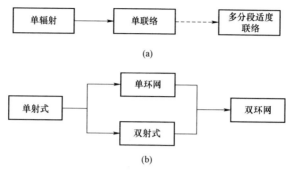

图 2-4　10kV 电网结构过渡示意图

（a）10kV 架空网；（b）10kV 电缆网

2.4　中性点接地方式选择

配电网应综合考虑可靠性与经济，选择合理的中性点接地方式。中性点接地方式的选择，应符合 GB/T 50064《交流电气装置的过压保护和绝缘配合设计规范》的相关规定。同一区域内宜统一中性点接地方式，以利于负荷转供；中性点接地方式不同的配电网应避免互带负荷。

1. 不同电压等级的接地方式

（1）110kV 系统宜采用直接接地方式；

（2）66kV 系统宜采用经消弧线圈接地方式；

（3）35、20、10kV 系统可采用不接地、经消弧线圈接地，或经低电阻接地；

（4）380/220V 系统可采用直接接地方式。

2. 接地电流及控制方式

（1）对于 35、20kV 和 10kV 电压等级的中性点不接地系统，在发生单相接地故障时，若单相接地电流在 10A 以上，宜采用经消弧线圈接地方式，宜将接地电流控制在 10A 以内，并允许单相接地运行 2h。

（2）对于 35、20、10kV 电压等级的中性点经低电阻接地系统，在发生单相接地故障时，20、10kV 接地电流宜控制在 150～500A 范围内，35kV 接地电流为 1000A，应考虑跳闸停运，并注意与重合闸的配合。

（3）对于 35、20、10kV 电压等级的非有效接地系统，当单相接地故障电流达到 150A 以上的水平时，宜改为低电阻接地系统。

3. 存在问题

近年来，随着城市化进程的不断加快，对城市风貌要求不断提高，部分城市在主要街道和风景区，实施大规模的电力架空线"上改下"，在新建小区实行全电缆建设，实施电力设施美化、隐蔽化改造工程，城市线路电缆化程度呈加速趋势，部分城市市区电缆化程度甚至超过75%。

高电缆化率情况下，电网感性补偿无功装置配置不足较为突出。随着上改下、电缆线路建设工程的不断增多，大多数市政工程无配套无功设备安装跟进，导致感性无功补偿越发不足，无功倒送现象日益严重，进而导致无功分布不均，局部电压抬升，对电网、设备运行不利，给城市电网带来巨大冲击。

2.5 用户供电电压等级选择

2.5.1 用户供电电压等级选择

用户接入应符合电网规划，不应影响电网的安全运行及电能质量。用户的供电电压等级应根据当地电网条件、最大用电负荷、用户报装容量，经过技术经济比较后确定。供电半径较长、负荷较大的用户，当电压质量不能满足要求时，应采用高一级电压供电。用户接入容量和供电电压等级配合见表2-14。

表2-14　　　　　　　　　不同容量用户供电电压等级选择

供电电压等级	用电设备容量	受电变压器总容量
220V	10kW及以下单相设备	—
380V	100kW及以下	50kVA及以下
10kV	—	50kVA～20MVA
35kV	—	20MVA～40MVA
110kV	—	40MVA～100MVA

应严格控制专线数量，以节约廊道资源、提高电网利用效率，报装负荷在2万kW以下的用户，建议采用10kV线路供电。

重要电力用户应自备应急电源，电源容量至少应满足全部保安负荷正常供电的要求，并应符合国家有关技术规范和标准要求。

2.5.2 电源接入方式

配电网应满足国家鼓励发展的各类电源的接入要求，根据电源容量确定并网电压等级。电源并网电压等级可参照表 2-15。

表 2-15 电源并网电压等级

电源总容量范围	并网电压等级	电源总容量范围	并网电压等级
8kW 及以下	220V	400kW~6MW	10kV
8~400kW	380V	6~50MW	35、110kV

接入 35~110kV 配电网的电源，宜采用专线方式并网；接入 10kV 配电网的电源，可采用专线接入变电站二次侧或开关站的出线侧，在满足电网安全运行及电能质量要求时，也可采用 T 接方式并网。

在分布式电源接入前，应对接入的配电线路载流量、变压器容量进行校核，并对接入的母线、线路、开关等进行短路电流和热稳定校核，如有必要进行动稳定校核。

在满足供电安全及系统调峰的条件下，接入单条线路的电源总容量不应超过线路的允许容量；接入本级配电网的电源总容量不应超过上一级变压器的额定容量或上一级线路的允许容量。

电源接入点的选择应使电源接入后配电线路的短路电流不应超过该电压等级的短路电流限定值，否则应重新选择电源接入点。

为保证电源起停、波动对系统供电电压的影响在规定的电压偏差范围之内，电源并网点的系统短路电流与电源额定电流之比不宜低于 10。

分布式电源并网点应安装易操作、可闭锁、具有明显开断点、带接地功能、可开断故障电流的开断设备。

▶ 习 题 ◀

1. 供电分区划分依据有哪些？A+、A、B 三类供电区对负荷密度指标具体要求是什么？

2. 现阶段配电网网架建设总体目标是什么？

3. 结合本地区特点，简述不同供电区内构建高压配电网网架时应满足什么基本要求？

4. 结合本地区特点，简述不同类型供电区构建中压配电网架时应满足的基本要求。

5. 简述高压配电网链式、环式、辐射式三类接线方式中典型接线方式有哪些，并描述其运行方式？

6. 简述中压配电网接线方式的主要类型，并简要说明其特点。

7. 简述不同容量用户供电电压等级选择标准。

8. 简述现有中性点接地方式。

3 中心城区网架结构选择与案例

中心城区一般为负荷密度较高的城市核心区，在供电区定位中多为 A+类与 A 类供电区，其中，A+类供电区远期负荷密度在 $30MW/km^2$ 以上，A 类供电区远期负荷密度在 $15MW/km^2$ 以上。中心城区具有建筑密度高、供电可靠性需求高、空间资源紧张的特点，目前多采用电缆线路供电。

本章选取 S、H、N、X、Z 市五个城市电网为样本，通过地区电网现状接线方式、接线方式的演变以及不同负荷水平发展阶段接线方式的选择作为参考，指导高密度、高可靠性需求地区进行配电网接线方式的选择以及过渡路线的确定。其中，S、X 市是中压开关站接线方式的典型代表；H、N 市是电缆双环接线方式的典型代表；Z 市是 N 供一备接线方式的典型代表。

3.1 目标网架结构选择与分析

3.1.1 建设发展目标

高供电可靠性、高运行灵活性以及高利用效率是中心城区配电网建设的首要目标，根据 DL/T 5729—2016《配电网规划设计技术导则》的要求，A+ 类供电区用户年平均停电时间不超过 5min，A 类供电区用户年平均停电时间不高于 52min，综合电压合格率达到 99.99%以上。结合国内主要城市中心区配电网建设发展情况，其配电网应满足以下建设发展目标。如表 3-1 所示。

表 3-1　　　　　　　　　中心城区配电网建设发展目标

供电区域	A+	A
高压配电网	可满足检修方式主变压器 $N-1$，应满足主变压器 $N-1$	
中压配电网	应满足线路 $N-1$	

	0~2MW 负荷组	故障修复后恢复供电	
供电安全水平	2~12MW 负荷组	5min 内非故障段恢复供电	15min 内非故障段恢复供电
	12~180MW 负荷组	15min 内恢复供电	
户均停电时间		<5min	<52min
供电半径		<3km	
联络化率		100%	
站间联络率		>90%	

合理的网架结构选择与层级匹配对配电网供电可靠性、运行灵活性有着重要的影响，区域电网建设发展目标是目标网架接线方式选择时应遵循的首要条件，从现有技术导则对城区中心城配电网建设发展的预期与目标来看，需要配电网具备在高负荷密度水平下满足高可靠性需求的能力。

3.1.2 高压配电网目标接线方式选择

中心城区高压配电网接线方式选择重点是在满足高负荷密度和高供电可靠性需求的基础上，实现资源更为有效的利用，接线方式选择以可靠性高、运行灵活、高效集约的方式。

从高可靠性角度考虑，中心城高压配电网首选链式接线，在上级电网较为坚强且中压配电网具有较强的站间转供能力时，从建设经济性与可实施性角度出发，也可采用双辐射结构；从运行灵活与高效集约角度出发，目标网架接线推荐采用三链结构或双链结构，变电站建设型式以全户内和半户内为主。此外，目标网架接线方式选择还需要考虑地区电网建设发展历程，从经济性与可实施性出发，避免大拆大建与重复投资。

110、66、35kV 电网目标电网结构推荐如表 3-2 所示。

表 3-2　　　　110、66、35kV 电网目标电网结构推荐表

电压等级（kV）	供电区域类型	链式			环网		辐射	
		三链	双链	单链	双环网	单环网	双辐射	单辐射
110（66）	A+、A 类	√	√				√	
35	A+、A 类	√	√				√	

110kV 电网接线模式可选择表 2-3 中的模式一至模式六，66kV 电网接线模式选择表 2-4 中模式一、模式二；35kV 电网接线模式选择表 2-5 中模式一。

110、66、35kV 变电站最终规模选择需要综合考虑区域负荷密度、空间资源条件，以及上下级电网的协调和整体经济性等因素。近年来，在城区负荷密度水平的不断提升，以及空间资源日趋减少的双重压力下，提升单位设备供电能力是必然趋势，高负荷密度的城市建成区尤为明显，城区 110、66kV 变电站最终规模应按照 3 台主变压器考虑，对于空间资源极为紧张的区域可按 4 台主变压器考虑，110 千伏单台主变压器容量可考虑选用 80MVA、63MVA 和 50MVA 三种，66kV 单台主变压器容量可考虑选用 50MVA 和 40MVA 两种；35kV 变电站最终规模根据其供区实际情况按照 2～3 台考虑，单台主变压器容量可考虑选用 31.5MVA 和 20MVA 两种。

不同电压等级变电站最终容量配置如表 3-3 所示。

表 3-3   不同电压等级变电站最终容量配置推荐表

电压等级（kV）	供电区域类型	台数（台）	单台容量（MVA）
110	A+、A 类	3～4	80、63、50
66	A+、A 类	3～4	50、40
35	A+、A 类	2～3	31.5、20

注　1. 上表中的主变低压侧为 10kV。

　　2. 对于负荷确定的供电区域，可适当采用小容量变压器。

　　3. 31.5MVA 变压器（35kV）适用于电源来自 220kV 变电站的情况。

110、66、35kV 线路导线截面的选取一般按照经济电流密度选取，并根据机械强度以及事故情况下的发热条件进行校验，应综合统筹考虑饱和负荷状况、线路全寿命周期，同时需要与电网结构、变压器容量和台数相匹配。从目前国内主要城市高压配电网导线截面选择情况看，新建 110、66kV 架空线路截面一般不小于 240mm²，电缆线路截面一般不小于 630mm²，新建 35kV 架空线路截面一般不小于 150mm²。

3.1.3　中压配电网目标网架接线方式

中心城中压配电网目标网架接线方式选择应考虑供电区类别、用电性质、可靠性需求、电网现状情况以及建设投资界面等多种因素，同时还应充分考虑存量电网现状情况，以适应性与可实施性为基础，避免由于目标网架接线方式选择带来大范围配电网改造工作。

1. 目标接线方式选择

电缆化是城市配电网尤其是中压配电网发展的趋势,考虑到供电可靠性需求高、双电源用户密度大以及通道资源紧张等因素,中压配电网目标网架接线方式可选用电缆双环式、单环式、三供一备和开关站供电模式等四种接线方式。典型接线方式如图3-1所示。

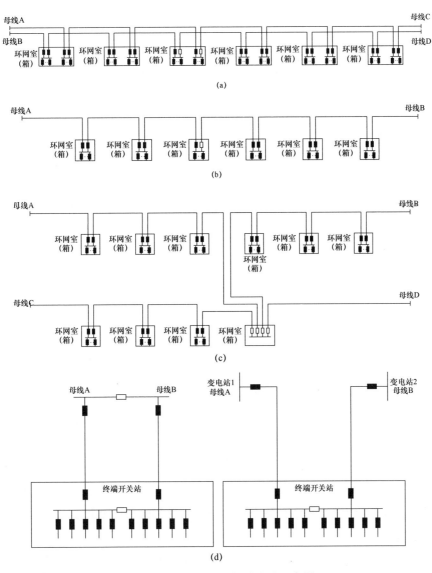

图 3-1 中心城典型接线方式示意图

(a)电缆双环式接线;(b)电缆单环式接线;(c)三供一备接线;(d)开关站接线(直供式)

区域目标网架接线方式选择应考虑供电区类别、用电性质、可靠性需求、电网现状情况、建设投资界面等多种因素。目前，大部分中心城配电网都是已经建成的成熟网络，目标网架接线方式应充分考虑存量电网现状情况，以适应性和可实施性为基础，确保目标接线方式选定后现状电网可以有效过渡。

2. 过渡技术路线选择

目标网架接线方式的选择除明确结构外，还应结合地区电网现状同步制定相应的接线方式演变的技术路线，电缆网接线方式向目标网架过渡过程主要为主干线路结构与路径的优化与调整，主干环网节点（开关站、环网室）在地段开发建设时根据目标网架规划结果配套一次性建成，后续建设改造过程中主干环网节点出线不宜大幅调整。

采用电缆双环接线方式地区，过渡接线可选择双（对）射式、双环扩展式、双环 T 接式等方式，过渡过程中环网装见容量与接入主干环节点数量应按照线路载流量限额进行控制，满足正常供电需求及转供时不过载。

（1）区域电源较为单一、短期无法形成双侧电源供电情况下，可以选择双射方式作为过渡接线，如图 3-2 所示。

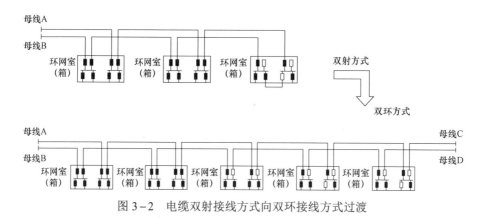

图 3-2　电缆双射接线方式向双环接线方式过渡

（2）具备双侧电源供电条件，但电源出线间隔紧张，供电可靠性需求不高地区，在满足供电能力与运行安全情况下，可选用对射方式作为过渡接线，如图 3-3 所示。

（3）具备双侧电源供电条件，区域具备用户开发较为分散、总体报装容量大但负荷水平较低、主干道路建设相对完善等条件下，可选用双环扩展式或双环 T 接式作为过渡接线，如图 3-4 所示。

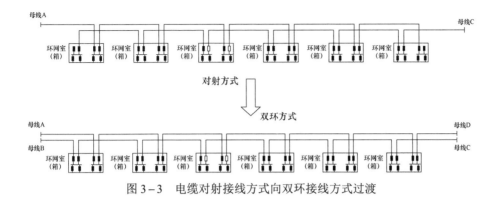

图 3-3　电缆对射接线方式向双环接线方式过渡

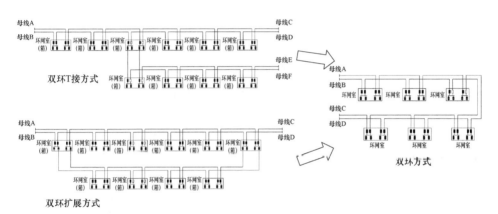

图 3-4　双环扩展、T 接方式向双环接线方式过渡

3. 设备选型原则

标准化是近年来中压配网建设中遵循的主要原则，规范设备选型、简化设备类型，结合地区实际特点、远期负荷水平，按照全寿命周期一次性选择，避免重复建设与改造。其中，新建电缆线路导线截面一般选用 400mm² 和 300mm² 两种。

目前城区电缆化程度较高，主干环网节点一般可分为开关站和环网室（箱）两种类型。

（1）开关站由上级变电站直供，相当于变电站母线延伸。目前，国内主要城市开关站一般配置两路电源，采用单母分段方式，部分采用"两供一备"接线方式的地区，建有配置三路电源的开关站，但目前开关站出线规模差异较大，并无统一标准；

（2）环网室（箱）主要用于电缆线路环进环出及分接负荷，作为主干环网节点使用,环网室(箱)每段母线以配置六路间隔居多。其中,两路作为主干线路环进环出使用,其余作为出线间隔分配负荷使用。

3.2 高压配电网结构选择案例

根据高压配电网接线方式推荐结果,城区高可靠性区域电网选择 S、N、Z 三地城区高压电网作为典型案例,分析研究其高压电网目标网架构建与结构演变过程,为同类型地区电网建设与改造提供参考。

3.2.1 案例一:S 市区

1. 基本情况

S 市是我国第一大城市,是经济、交通、科技、工业、金融、贸易、会展和航运中心,市辖 16 个区,全市总面积为 6341km²,2016 年 GDP 为 27 466.15 亿元,常住人口超过 2400 万人,人均 GDP 达到 11.36 万元。

S 市电网电压等级序列为 500/220/110/10/0.38kV 和 500/220/35/10/0.38kV 两类,局部地区仍有少量 110/35/10kV 的变压器还在使用,高压配电网主要为 110kV 和 35kV 两个电压等级。

S 市电力公司供电范围内划分为 A+、A、B、C 四类供电区域,其中:A+ 类供电区平均负荷密度为 35.28MW/km²,陆家嘴、外滩、徐家汇、南京路沿线等区域平均负荷密度超过 70MW/km²。

2. 现状接线方式

S 市早期建设的 110kV 变电站曾起着电源变电站的作用,为 110/35/10kV 三圈变电压器,降压容量主要供给邻近地区的 35kV 变电站,少量兼供 10kV 负荷,110kV 侧采用线路变压器组、内桥或单母线分段接线方式。

目前,已建的 110kV 变电站以 110/10kV 两圈变电压器为主,远期规模按照三台或四台主变压器设计,单台主变压器容量为 40MVA 和 50MVA 两种类型;变电站 110kV 侧采用环进环出接线方式,部分 110kV 用户变压器较为集中地区采用一进三出(包括一台主变压器)接线带开关站性质方式,除一回环出线路外,另一回出线用于就近为用户变供电,10kV 侧采用单母线四分段接线或六分段环式接线;每台主变压器配置 10kV 出线 16 回。110kV 变电站主接线如图 3-5 所示。

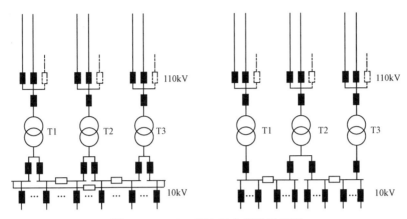

图 3 – 5　110kV 变电站主接线示意图

目前，S 市城区 35kV 变电站远景规模按照三台主变压器设计，单台主变压器容量为 31.5MVA 或 20MVA 两种类型，还存有少量 16MVA 和 10MVA 主变压器；变电站 35kV 侧采用线变组接线或一进三出（包括一台主变压器）带开关站性质的接线方式，后者主要为周边 35kV 用户变压器供电，10kV 侧采用单母线四分段接线方式；每台主变压器配置 10kV 出线 10 回。35kV 变电站主接线如图 3 – 6 所示。

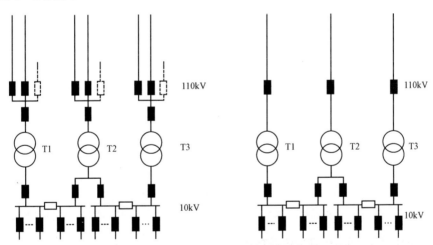

图 3 – 6　35kV 变电站主接线示意图

S 市区 110kV 线路多采用截面为 $1\times630mm^2$、$1\times800mm^2$、$1\times1000mm^2$ 的电缆或截面为 240、$400mm^2$ 的架空线，35kV 线路多采用截面为 $3\times400mm^2$、$1\times630mm^2$ 的电缆或 185、240、$400mm^2$ 的架空线，市区高压配电网以电缆网为主。

市区 110、35kV 电网主要采用辐射型或双侧电源链式接线模式，典型接线方式如图 3-7 所示。

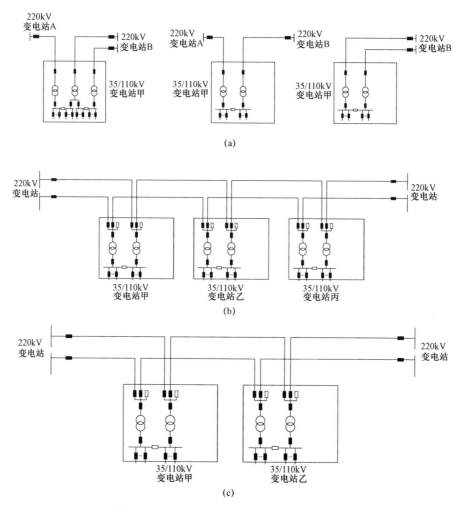

图 3-7 35、110kV 电网现状主要接线示意图
（a）辐射形接线；（b）双侧电源链式接线（四线三站六变）；（c）双侧电源链式接线（四线两站四变）

3. 高压配电网目标网架接线方式

S 市中心区主要为 A+、A 类供电区，可靠性需求较高，110kV 网架选择链式接线方式，从运行灵活性与高效利用角度考虑 110kV 电网目标接线方式网架（见图 3-8）采用双侧电源三链接线，由 2 座 220kV 变电站作为电源，采用 π 接方式接入 3 座 110kV 变电站，一个完整三回链式结构中最多串入 3 座 110kV 变电站。110kV 线路采用电缆线路形式，4 回电源线路选择 1000mm² 电缆，联络

线选择 800mm² 或 630mm² 电缆。

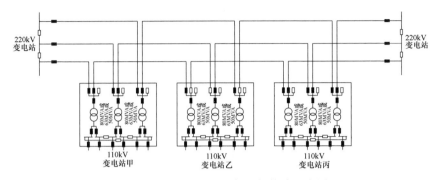

图 3-8   110kV 电网目标网架接线示意图

结合 S 市中心城区 110kV 用户变较多特点,接线方式选择时对变电站 110kV 侧进行差异化处理,一般地区最终规模采用"一进两出"形式,"一出"接站内 110kV 主变压器,"一出"环出至其他 110kV 变电站;对于 110kV 专用用户较为集中的地区,变电站 110kV 侧可采用"一进三出"形式,第三回出线为周边 110kV 用户供电或预留。

市区 35kV 电网目标网架接线(见图 3-9)方式采用双侧电源辐射式接线和双侧电源链式接线两种方式,其中,双侧电源辐射式接线:由 2 座 220kV 变电站作为电源,采用直供方式接入 35kV 变电站,最终规模按照 3 台主变压器设计,单台主变压器容量为 31.5MVA;35kV 电气主接线为线路-变压器组接线,对于 35kV 专用用户较为集中的地区,变电站 35kV 侧可采用"一进两出"形式,第二回出线为周边 35kV 用户供电或预留。

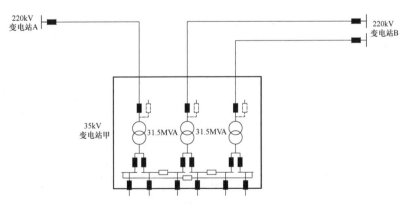

图 3-9   35kV 目标网架接线示意图(双侧电源辐射式接线)

3.2.2 案例二：N 市区

1. 区域基本情况

N 市是我国东南沿海重要港口城市、长江三角洲南翼经济中心，市辖 6 区、两市、两县，全市陆域总面积 9816.23km²，2016 年全市 GDP 为 8541.1 亿元，总人口为 787.5 万人，人均生产总值 10.85 万元/人。

目前，N 市电网电压等级序列为 500/220/110（35）10/0.38kV，市区高压配电网以 110kV 电压等级为主，35kV 电压等级已经基本退出公用电压等级序列。

目前，N 市供电公司辖区范围内划分为 A+、A、B、C、D 五类供电区域，其中：A+类供电区平均负荷密度达到 24.96MW/km²，A 类供电区平均负荷密度为 14.03MW/km²。

2. 高压配电网装备配置及接线方式

目前，N 市区 110kV 变电站 110/10kV 两圈变压器为主，远景规模按照三台主变压器设计，单台主变压器容量为 31.5、40MVA 和 50MVA 三种，变电站 110kV 侧主要采用内桥接线和内桥加线变压器组接线方式，存有少量单母分段接线方式，10kV 侧采用单母线四分段接线，每台主变压器配置 10kV 出线 10 回或 12 回。

N 市区 110kV 线路多采用截面为 $1×630mm^2$、$1×500mm^2$、$1×400mm^2$ 的电缆或截面为 $240mm^2$ 和 $300mm^2$ 的架空线。

市区 110kV 电网主要采用辐射型或双侧电源链式接线模式，典型接线方式如图 3-10 所示。

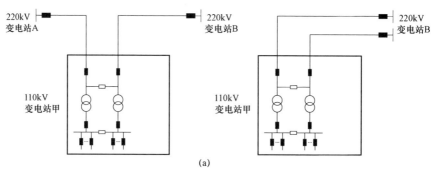

(a)

图 3-10 110kV 电网现状主要接线示意图（一）

（a）辐射形接线

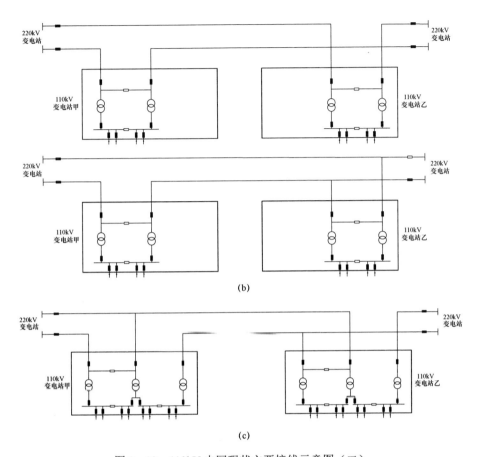

(b)

(c)

图 3-10　110kV 电网现状主要接线示意图（二）

（b）双侧电源链式接线（四线两站四变）；（c）双侧电源链式接线（四线两站六变）

3. 高压目标网架接线方式

基于供电可靠性需求、220kV 布局及 110kV 电网发展历程考虑，N 市区 110kV 电网目标网架接线方式采用双侧电源双回链式接线，由 2 座 220kV 变电站作为电源，采用 T 接、Π 接混合方式接入 2 座 110kV 变电站，变电站主接线采用线变组接线或内桥加线变组接线。110kV 架空线路导线截面选择 300mm^2 钢芯铝绞线，电缆线路导线截面选择 630mm^2 截面电缆。

4. 高压接线方式过渡

N 市高压配电网一般按照以下方案过渡至目标网架，如图 3-11 和图 3-12 所示。

（1）初始阶段：一般情况下 110kV 变电站多采用辐射式接线方式（包括双侧电源辐射式和单侧电源辐射式），在上级电源接入条件有限情况下，单侧电源双辐射式接线有可能过渡至单侧电源双 T 接线方式；

（2）过渡阶段：随着地区 220kV 电网供电能力的提升，结合新建 110kV 变电站接入工程，可以将辐射式电网接线过渡为双侧电源双回链式接线方式，此阶段变电站一般为两台主变压器；

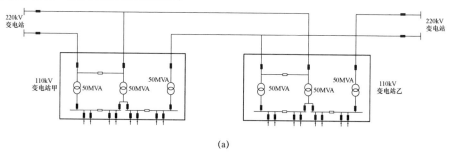

(a)

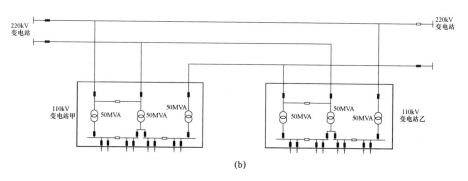

(b)

图 3-11　110kV 电网目标网架接线示意图

（a）方式一；（b）方式二

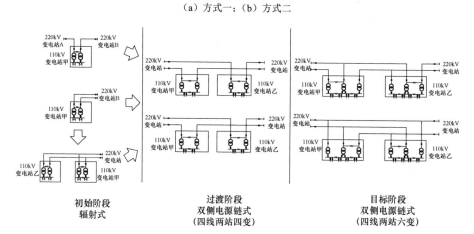

图 3-12　110kV 电网接线方式过渡过程示意图

（3）目标阶段：当变电站扩建第三台主变压器时，接线方式将逐步过渡至目标接线，即双侧电源双回链式接线（四线两站六变）。

3.2.3 案例三：Z市区

1. 区域基本情况

Z市地处广东南部，珠江三角洲东岸，与香港一水之隔，国务院定位全国性的经济中心和国际化城市，下辖8个行政区和2个新区，57个街道办事处、790个居民委员会，全市陆域总面积1996.85km²，2016年全市GDP为19 492.60亿元，常住人口为1190.84万人。

目前，Z市电网电压等级序列为500/220/110/10/0.38kV，市区高压配电网为110kV。

2. 现状高压配电网装备配置及接线方式

目前，Z市区110kV变电站110/10kV双绕组变压器为主，远景规模按照三台主变压器设计，单台主变压器容量为40、50MVA和63MVA三种，变电站110kV侧主要采用单母分段和线路－变压器组两种接线方式，10kV侧采用单母线四分段接线或六分段环式接线，每台主变压器配置10kV出线10回或12回。

Z市区110kV线路多采用截面为1×630、1×800mm²的电缆或截面为400、630mm²的架空线。

目前，市区范围内110kV电网主要采用双侧电源双链Π接、双链T接和三链T接方式，典型接线方式如图3－13所示。

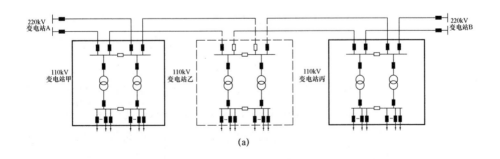

图3－13　110kV电网现状主要接线示意图（一）

（a）双链Π接方式

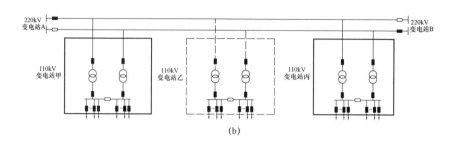

(b)

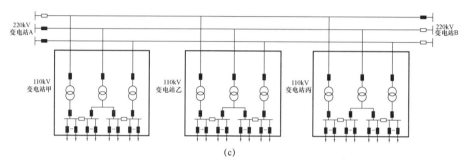

(c)

图 3-13 110kV 电网现状主要接线示意图（二）

（b）双链 T 接方式；（c）三链 T 接方式

3. 高压目标网架接线方式

Z 市区 110kV 电网目标网架采用双侧电源双回链式接线和三链 T 接线两种方式，其中：

双侧电源双回链式接线：由 2 座 220（或 330）kV 变电站作为电源，采用 Π 接方式接入 2 座或 3 座 110kV 变电站，形成双侧电源双回链式结构（四线三站九变），一个完整双回链式结构中最多串入 3 座 110kV 变电站，变电站主接线为单母线分段方式。110kV 采用架空线形式时，四条电源进线截面可选 2×300mm²，联络线截面可选 2×240mm²。110kV 采用电缆型式时，四条电源进线截面可选 1000mm²，联络线截面可选 800mm²。

三链 T 接线：由 2 座 220kV 变电站作为电源，采用 T 接方式接入 3 座 110kV 变电站，一个完整三回链式结构中最多 T 接入 3 座 110kV 变电站。110kV 采用架空线型式时，三条电源进线截面可选 630mm²，T 接线截面可选 400mm²。110kV 采用电缆型式时，三条电源进线截面可选 1000、800mm²，T 接线截面可选 500mm²。

110kV 电网目标网架接线示意图如图 3-14 所示。

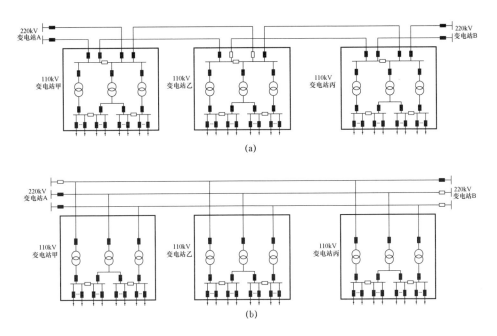

(a)

(b)

图 3-14　110kV 电网目标网架接线示意图

（a）双链 Π 接方式（四线九变）；（b）三链 T 接方式

4. 高压接线方式过渡

Z 市高压配电网接线方式过渡过程一般分为两种技术路线实现：

（1）现状单侧电源辐射式接线或双侧电源单链变电站结合网架优化工程或变电站配套送出工程过渡至不完全双链结构，根据电网运行实际需求，完善成为双链模式，如图 3-15 所示。

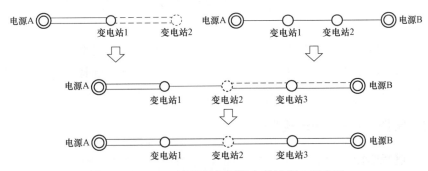

图 3-15　110kV 电网目标网架实现过程 1 示意图

（2）由于220kV变电站布点不足，无法形成双侧链式接线时，新建变电站可采用双T方式，形成单侧电源双T接线方式，结合网架优化工程完善为双侧电源双T接线方式（即四线两站），结合电网建设与发展再T接入第三座110kV变电站，形成四线三站形式，最终配合变电站扩建第三台主变压器，完善为三T接线方式，如图3-16所示。

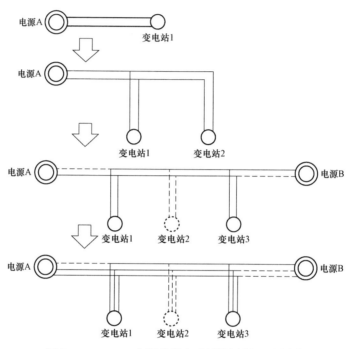

图3-16　110kV电网接线方式过渡过程2示意图

3.3　中压配电网结构选择案例

中压配电网结构案例选择我国发达城市核心区，依据典型接线方式分类按照开关站供电模式、双环供电模式、N供一备供电模式，选择四个地区进行案例分析。

3.3.1　案例一：S市PD核心区

1. 区域简介

PD核心区主要为浦东新区黄浦江沿线区域，主要为小陆家嘴金融贸易区、滨江商业居住区和世博园区及周边配套地区。区域内汇集了国际一流的商业金融、商务办公、会展中心等场所，也拥有大量城市公共活动区和国际社区，具有国际大都市的典型特性。

目前核心区平均负荷密度为 44.65MW/km²，其中北部小陆家嘴金融区平均负荷密度超过 120MW/km²，中部商贸、居住混合区域平均负荷密度为 60～80MW/km² 之间，南部原世博园及周边区域目前正在开发建设过程中，平均负荷密度为 15MW/km² 左右。

2. 10kV 电网接线方式

核心区中压电缆网主要以开关站作为主环节点，根据区域可靠性需求、变电站布局以及出线间隔资源情况不同形成多种接线方式，开关站下级出线通过环网站（室）形成环网对用户供电。

（1）中压主干网接线方式。核心区开关站作为中压主干网的环网节点，分为中心开关站和终端开关站两种类型，接线方式有变电站直供终端开关站接线、终端开关站供终端开关站接线、终端开关站双环网、中心开关站供终端开关站接线方式（模式一与模式二）五种方式，环网满足 $N-1$ 要求，单条线路负载率控制在 50%以内。

方式一：变电站直供终端开关站接线。开关站 2 回进线来自于不同 110（35）kV 变电站出线或同一 110（35）kV 变电站不同母线出线，典型接线方式如图 3－17 所示。

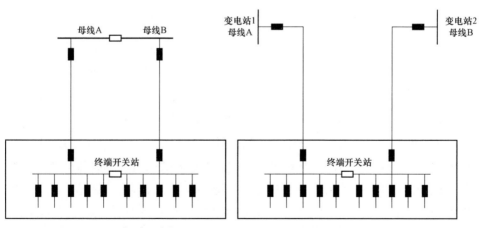

图 3－17　变电站直供终端开关站接线方式

方式二：终端开关站供终端开关站接线。由不同 110（35）kV 变电站出线或同一110（35）kV变电站不同母线出线供第一级终端开关站，电源线路设纵差保护。第一级终端开关站除供周边用户和环网室（箱）外，供下一级1~2座终端开关，该接线方式开关站进线根据实际运行情况，部分地区采用双拼 3×400mm² 电缆线路，典型接线方式如图 3–18 所示。

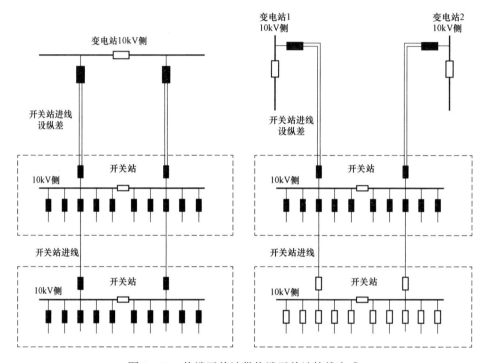

图 3–18　终端开关站供终端开关站接线方式

　　方式三：终端开关站双环网接线。由不同 110（35）kV 变电站出线或同一110（35）kV 变电站不同主变压器出线供终端开关站，3、4座终端开关站组成一个双环网，开环运行，该接线方式变电站至开关站线路根据实际运行情况，部分采用双拼3×400mm²电缆，典型接线方式如图 3–19 所示。

　　方式四：中心开关站供终端开关站接线（模式一）。不同 110（35）kV 变电站出线供中心开关站，线路设纵差保护；中心开关站两段母线各出 10kV 线路一条供电至终端开关站，中心开关站一般仅供下一级终端开关站，从调研结果看，中心开关站应至少供出 3 座终端开关站，主要用于负荷密度较高的 A+ 类供电区，典型接线方式如图 3–20 所示。

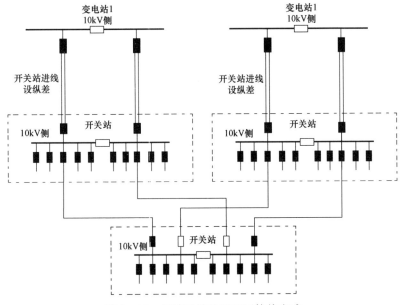

图 3-19　终端开关站双环网接线方式

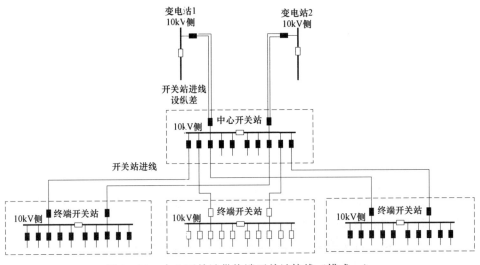

图 3-20　中心开关站供终端开关站接线（模式一）

方式五：中心开关站供终端开关站接线（模式二）。同一 110（35）kV 变电站不同主变压器出线供中心开关站，线路设纵差保护；中心开关站出线至终端开关站，下一级终端开关站电源进线来自不同中心开关站，可追溯至不同的

110（35）kV 变电站；中心开关站一般仅供下一级终端开关站，从调研结果看，中心开关站应至少供出 3 座终端开关站，主要用于负荷密度较高的 A+类供电区，典型接线方式如图 3−21 所示。

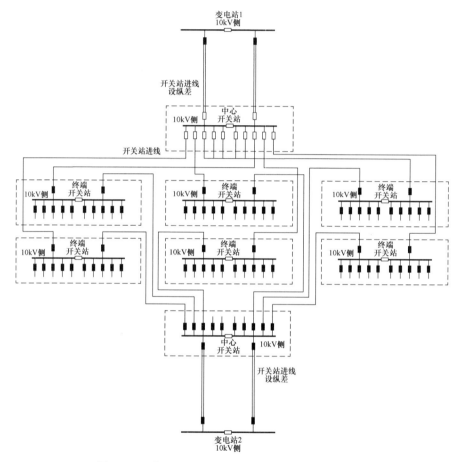

图 3−21　中心开关站供终端开关站接线（模式二）

现状核心区开关站采用单母线分段（带备自投）的接线方式，进出线规模根据负荷的分布和容量特点不同，有"两进六出""两进十出"和"两进十四出（加强型）"三种，部分开关站根据需要内部配有两台配变。

目前开关站进线电缆截面有 $3×400mm^2$ 和双拼 $3×400mm^2$ 两种类型。其中，中心开关站进线采用双拼 $3×400mm^2$ 电缆，终端开关站进线根据其接线方式不同采用 $3×400mm^2$ 和双拼 $3×400mm^2$ 两种电缆。开关站供出的环网线路可采用 $3×240mm^2$ 或 $3×120mm^2$ 电缆线路。

（2）开关站下级出线接线方式。城市核心区终端开关站出线一般有两种类型，第一种作为容量在800～3000kVA用户进线电源；第二种为下级环网室（箱）、配电室供电，形成单环或双环接线方式，成为环网上级电源来自同一开关站不同母线或不同开关站。典型接线方式如图3-22和图3-23所示。

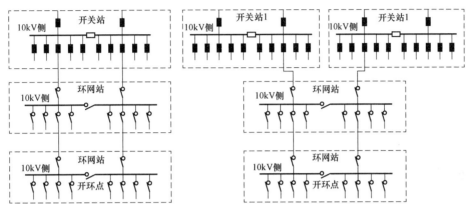

图3-22 开关站供出单环网接线示意图

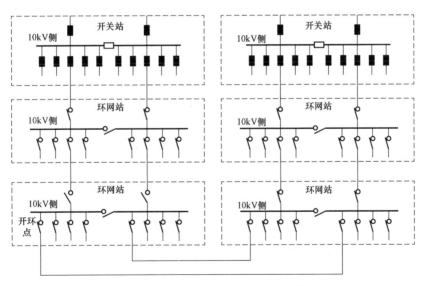

图3-23 开关站供出双环网接线示意图

3. 中压配电网接线方式过渡方案

现状核心区中压配电网主干环网五种接线方式均有使用，都可以作为中压配电网主干网目标网架接线方式，但随着区域负荷发展、110（35）kV 变电站布局的变化、110（35）kV 变电站出线间隔利用比例的提升，五种接线方式之间可进行相互转换，主要有以下几方面情况。

（1）终端开关站接线方式过渡。目前，核心区内变电站直供终端开关站方式（方式一）应用比例最高，但由于负荷分布不均衡使不同方式一的组网线路负载率有所差异，从提升 110（35）kV 变电站间隔利用率、中压线路利用率角度出发，当新建终端开关站时，在开关站进线负载、开关站保护配置和开关站间隔资源满足前提下，将新建终端开关站接入另一终端开关站，形成终端开关站供终端开关站方式（方式二）接线，过渡后第一级终端开关站进线根据实际运行情况考虑是否进行改造，见图 3－24。

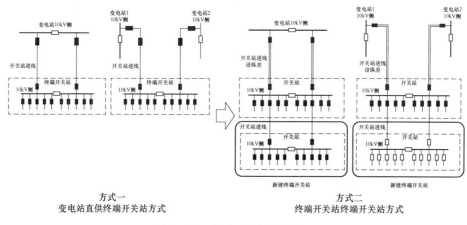

方式一
变电站直供终端开关站方式

方式二
终端开关站终端开关站方式

图 3－24　方式一过渡至方式二

从提升变电站间联络比例、变电站负荷转移能力、变电站间隔利用效率、用户供电可靠性角度出发，结合新终端开关站的建设及区域网架结构优化，在开关站进线负载、开关站保护配置和开关站间隔资源满足前提下，方式一（同一变电站不同母线出线）、方式二（同一变电站不同母线出线）还可以向终端开关站双环方式（方式三）过渡，过渡方式如图 3－25 所示。

（2）终端开关站接线方式向中心开关站接线方式过渡。为了充分提升设备与通道利用效率，采用将中心开关站作为变电站母线延伸，由中心开关站为多座终端开关站供电，采用该方式供电时一种情况是规划初期即有所考虑，后续电网建设依据规划分步实施；另一种情况是多座终端开关站线路负载相对不高，但地理位置较为接近，从提升变电站出线间隔利用效率以及区域主干电缆通道利用效率角度出发，选择合适位置新建中心开关站，将终端开关站接线方式一（同一变电站不同母线出线）或方式二（同一变电站不同母线出线）通过网架结构优化过渡至方式四或方式五，具体如图3-26所示。

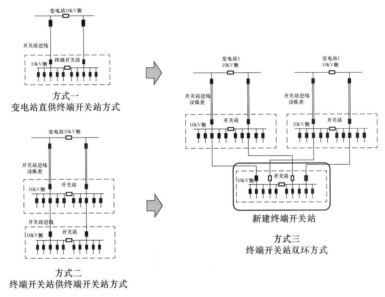

图3-25　方式一、方式二过渡至方式三

3.3.2　案例二：H市核心区

1. 区域简介

H市核心区位于H市市区中心位置，西子湖畔东侧，西至环城西路，东至环城东路、北至环城北路、南至河坊街。该区域是目前H市区的经济与文化中心，区内有武林、湖滨旅游商贸特色街区、清河坊历史文化街区、南山路艺术休闲特色街区、解放路现代商贸特色街区等特色街区。

2016年城市核心区最大负荷为375MW，核心区平均负荷密度为37.5MW/km²，其中庆春路、环城西路、凤起路、中河路合围区域负荷密度达到40.42MW/km²。

2. 10kV电网接线方式

H市核心区中压配电网以双环接线方式为主，在变电所间隔紧张、负载率较高区域双环T接线、回型接线，对于高可靠性需求用户采用专线或准专线接线方式。具体接线方式如下。

（1）电缆双环接线方式见图3-27。

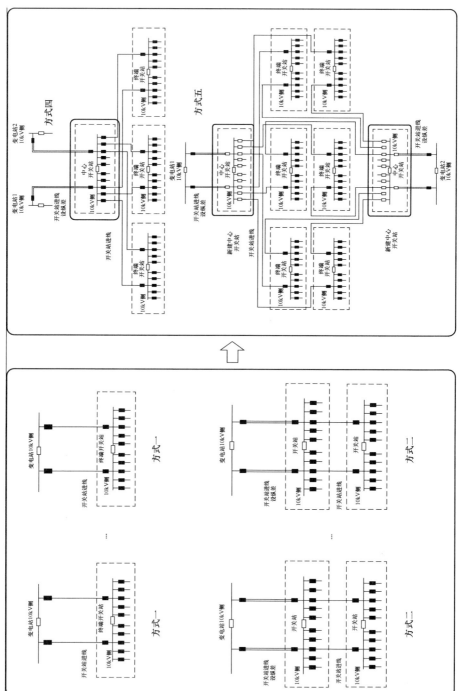

图 3-26 方式一、方式二过渡至方式四、方式五

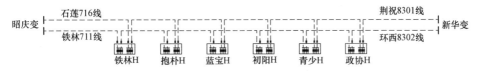

图 3-27 H市城市核心区电缆双环接线方式示意图

装备配置情况：电缆主干线采用 $YJV_{22}-3\times300$ 导线，环网室采用双母线方式，进线四条（两进两环出），出线八至十二条，进线采用负荷开关柜，出线采用断路器柜或负荷开关柜。

规模控制：一组标准双环接线方式由四条电缆线路构成，分别来自两座不同的 110kV 变电站，一个标准双环内环网室最终数量一般不超过 6 座，每座环网室容量大多控制在 12MVA 以内，一个标准双环挂接配电变压器容量最终规模在 40~60MVA 之间。

运行水平控制：正常运行方式下线路负载率不超过 50%，线路最大电流不超过 350A。

自动化水平：环网室进、出线开关均实现"三遥"功能。

分布情况：H市城市核心区范围内普遍采用电缆双环方式，采用该接线方式线路占线路总数的 77.52%。

（2）电缆双环回型接线见图 3-28。

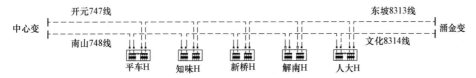

图 3-28 H市城市核心区电缆双环回型接线方式示意图

装备配置情况：电缆主干线采用 $YJV_{22}-3\times300$ 导线，环网室采用双母线方式，环网室进线四条（两进两环出），出线八至十二条，进线采用负荷开关柜，出线采用断路器柜或负荷开关柜，与双环网接线方式不同的是，双环回型接线在双环首末两座环网站两段母线间设置母联开关。

规模控制：一组双环回型接线由四条电缆线路构成，分别来自两座不同的 110kV 变电站，一组双环回型接线环网室最终数量一般不超过 6 座，每座环网室容量大多控制在 12MVA 以内，一个标准双环挂接配变容量最终规模在 60MVA 左右。

运行水平控制：正常运行方式下线路负载率不超过 75%，线路最大电流不超过 350A。

自动化水平：环网室进、出线开关均实现"三遥"功能。

使用区域：该接线方式主要使用在核心中部沿西湖部分地区，该区域负荷密度为 40MW/km² 左右、三座主供变电站出线间隔早已用尽，近期也无新建电源点计划，只能通过提高线路利用效率满足区域负荷增长，采用该接线方式线路占线路总数的 9.3%。

（3）电缆双环 T 型接线见图 3－29。

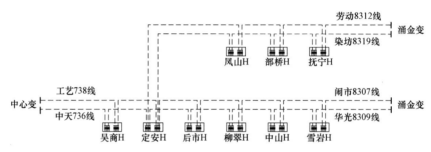

图 3－29　H 市城市核心区电缆双环 T 型接线方式示意图

装备配置情况：电缆主干线采用 YJV$_{22}$－3×300 导线，环网室采用双母线方式，环网室进线四条（两进两环出），出线八至十二条，进线采用负荷开关柜，出线采用断路器柜或负荷开关柜。

规模控制：一组双环 T 型接线方式由六条电缆线路构成，一般来自两座或三座不同的 110kV 变电站，目前核心区内现有两组双环 T 型接线接入环网室数量分别为 9 个和 7 个，每座环网室容量大多控制在 12MVA 以内，一组环网接线挂接配电变压器容量在 100MVA 左右，该接线方式为过渡性接线，并无明确控制标准。

运行水平控制：正常运行方式下线路负载率不超过 50%，线路最大电流不超过 350A。

自动化水平：环网室进、出线开关均实现"三遥"功能。

使用区域：该接线方式主要位于核心南部地区，由于区域内电源点不足以及规划中双环网的部分区域未开发造成的，未来随着电源点的增加和区段开发，双环 T 型接线将逐渐改造成标准双环网接线。

（4）"三双"接线方式。从满足区域高可靠性供电角度出发，该省电力公司于 2011 年提出推行中压配电网"三双"接线方式，H 市作为试点城市之一在部分地区推广适用，供电可靠性有明显提升。

"三双"接线方式指的是"双电源,双线路,双接入",其中"双电源"指两个上级高压变电站,"双线路"指连接"双电源"的两条中压电缆或架空线路,"双接入"指公用配电变压器通过自动投切的开关接入"双线路"。典型接线方式如图 3-30 所示。

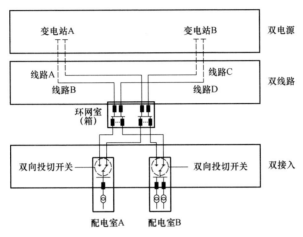

图 3-30 "三双"接线方式

"三双"接线主要用于供电可靠性需求较高区域,该类区域用户多需要双路电源供电且密度较高,目前主干层一般采用电缆双环接线方式,实现"双电源""双线路"的"两双"要求,配电室进线侧配置双向投切开关,由周边同一环网室(箱)不同段母线或不同环网室(箱)各引入一条线路接入双向投切开关,实现"双接入",任意一侧电源失电的情况下,通过双向投切开关自动切换,实现供电电源快速转换,提高供电可靠性,缩短故障停电时间。

(5)高可靠性用户专线(准专线)供电方式。2016 年 G20 峰会在 H 市举行,环西湖区域多个场所供电可靠性要求大幅提升,为保障上述一级、特级用户供电可靠性需求,H 市电力公司提出专线(准专线)供电方式。接线方式如图 3-31 所示。

特级保供电用户:采用三路专线/准专线供电(准专线:变电站出线的第一座开关站作为用户电源,且该开关站母线段无非保电用户,开环点也设置在该站,即该线路只供该站,该站只供保电用户),并至少来自于 2 个 500kV 供区的 2 个不同变电站,如同一变电站有 2 条出线为特级用户供电的,则其中 1 条必须作为备用线路。3 条线路的电缆路径必须完全分开,不能有任一段同沟,确不具备条件的,必须有电缆隔离防护措施。光缆敷设到用户配电间。并自备 UPS、发电机等保安及应急电源。

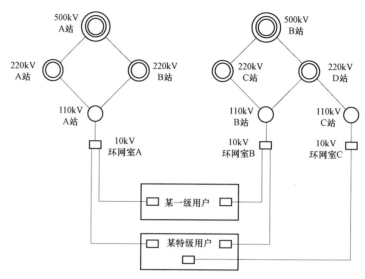

图 3-31　H 市城市核心区某高可靠性用户供电方式示意图

一级保供电用户：采用双电源供电，每路电源分别来自于不同的 220kV 或 110kV 变电站。2 条线路的电缆路径必须完全分开，不能有任一段同沟，确不具备条件的，必须有电缆隔离防护措施。光缆敷设到一进一出开关站。

3. 中压配电网过渡接线方式选择

（1）双环长链开断。H 市城市核心区建设开发初期，部分地区地段建设开发已经完成，但用户入住率较低，区域平均负荷密度较低（多在 10MW/km² 以下），区域负荷处于成长阶段，主供 110kV 电源点与目标网架电源布点差距较大。

这一时期，H 市城市核心区中压配电网接线方式仍选用电缆双环模式，主干环网建设、用户接入时均按照双环标准一次性建成，单个双环接线供电容量、接入环网室数量远超目标网架控制标准，环网挂接配变容量上限以线路最大电流不超过运行限额组为标准。

该阶段电缆双环组网过程中，主干环网路径多参考目标网架规划结果，结合区域用户开发以及后续变电站布置合理布局，主干环网在满足运行安全可靠性的前提下，尽可能覆盖有供电需求的区域。

当区域负荷逐步增长，环网线路供电能力不能满足需求时，根据目标网架规划结构，结合新建变电站送出工程，有针对性地开断已建成双环长链，形成两个或多个双环短链，满足供电需求同时也负荷目标网架规划结果。如图 3-32 所示。

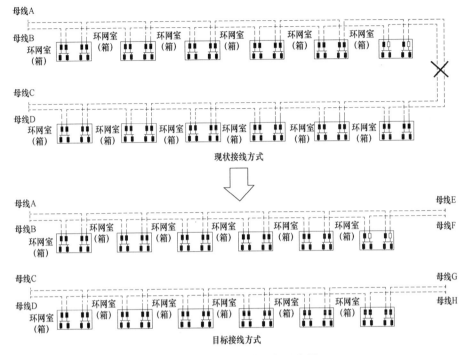

图 3-32 双环长链开断示意图

根据近年来 H 市核心城区电缆双环网建设实际情况看,双环长链开断到双环短链的方式,对负荷密度快速上升城市核心区有较强的适应性,通过主干环网按照双环标准一次性建成,一方面在城市建设发展初期已经按照目标网架获取了相关通道资源,基础设施建设投入资本最小;另一方面用户接入均按照目标网架一次性建成,以较高的供电可靠性持续满足用户需求,后续网架结构优化、切改仅涉及变电站出线段,避免重复建设与改造。

(2)T 型双环接线过渡方式。从 H 市城市核心区电缆双环接线方式建设发展历程看,当区域平均负荷密度超过 15MW/km^2 以后,局部地区线路供电能力不足问题逐步凸显,加之由于空间资源限制等多种因素影响,上级电源布点不足中压出线间隔日趋紧张,部分地区配网按照双环长链开断进行网架优化的模式适应性下降。现有双环接线负荷已经相对较高,按照目标网架规划需要进行长链开断,但周边变电站间隔不足以支撑该优化方案进行开环解链(其原因主要有:① 周边电源点无足够出线间隔;② 有能力提供间隔的电源点,解环线路的通道不具备可行性);经过综合分析,采用双环 T 型接线进行过渡。如图 3-33 所示。

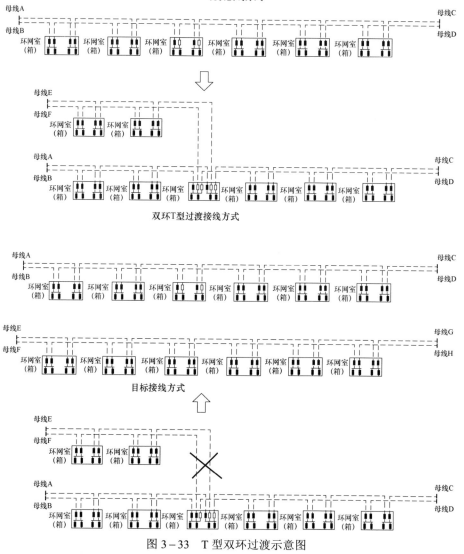

图 3-33 T 型双环过渡示意图

采用双环 T 型接线方式进行过渡时，初期电缆环网负荷水平接近运行限额时，结合其周边区域发展情况、电源建设情况以及线路负荷发展趋势等进行综合分析，结合新增负荷发展选择合理路径与上级电源，新出两回电缆线路 T 型接入现有双环，同时调整线路运行方式，合理设置开断点，实现负荷进行分流；后续结合目标网架规划方案，在适当时期对双环 T 型接线进行开断，形成两个标准双环，实现向目标网架过渡。

根据规划建设经验，在局部电网资源、空间资源紧张地区采用双环 T 型接线作为过渡方式具有较强的适应性与经济性，但需要强调的是首先双环 T 型接线是一种过渡方式，不能将其作为目标接线方式长期保留；其次采用该方式过渡时，应配套后续与之对应解环方案，避免网架结构复杂化；第三如果有条件应采用双环开断方式作为网架优化过渡的主要手段，不能将双环 T 型接线过渡方式作为负荷分流、网架优化的主要手段。

（3）双环回型接线过渡方式。在 H 市城市核心区发展较为成熟的地区（平均负荷密度接近 40MW/km^2），区域负荷发展接近饱和，这类地区现有变电站出线间隔基本已经用尽，间隔置换、供区调整等挖潜手段已经不足以调整出新间隔用于线路馈出，同时一段时期内（五年以内）周边区域无变电站建设，解决该类区域局部地区负荷增长造成线路负载过高的问题，H 市城市核心区采用双环回型接线方式作为解决办法。

在标准双环首末两段的环网室加装母联开关，形成双环回型接线，将线路运行效率由 50% 提升至 75%，过渡方式如图 3－34 所示。

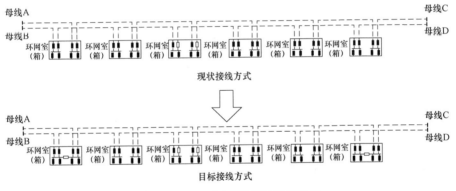

图 3－34　双环回型接线过渡示意图

在实际电网建设运行过程中发现，双环回型接线是负荷发展到相对饱和 A 类、A+类地区可以选用的一种方式，但并不是双环回型接线不是双环最终发展目标，只是一种演变的方向，同时配电自动化、线路运行方式也需要与之配套调整，局部可以根据实际需求选用，但不适合于大范围推广。

3.3.3　案例三：X 市城市核心区

1. 区域概况

湖里片区是 X 市最早的经济特区，位于 X 市本岛的西北部，区域范围北至兴湖路、南至仙岳山、西至长岸路、东至嘉禾路，2016 年湖里片区最大负荷为 118.76MW，平均负荷密度为 16.12MW/km^2。

2. 10kV 电网接线方式

X 市湖里片区中压配电网接线为正常方式下开环运行的开关站接线（两进线、两供一备）。具体接线方式如下。

（1）开关站两进线接线方式（图 3－35）。

图 3－35　X 市湖里片区开关站两进线接线方式示意图

装备配置情况：电缆主干线采用 $YJV_{22}-3\times300$、$YJV_{22}-3\times400$ 导线，进线二条，出线十二至二十四条，进、出线均采用断路器柜。

规模控制：一组标准开关站两进线接线方式由两条电缆线路构成，分别来自两座不同的 110kV 变电站或同一变电站的不同母线，一个标准开关站两进线接线挂接配变容量最终规模在 40MVA 以内。

运行水平控制：正常运行方式下两回进线各带约 50% 负荷。出现线路不满足 $N-1$ 或单回线路装见容量超过 15 000kVA（为居民负荷为主的变电站馈线所送变压器总容量可放宽至不超过 18 000kVA）时，原则上不允许新负荷接入。

自动化水平：开关站进、出线开关均实现"三遥"功能。

该接线方式接线简单可靠，可拓展性高，但运行负载率不高，间隔占用多。多适用于开发区、工业区、高科技园区、成片住宅区。目前，X 市湖里片区范围内采用开关站两进线接线方式线路占线路总数的 31.37%。

（2）开关站两供一备接线方式（图 3－36）。

图 3－36　X 市湖里片区开关站两供一备接线方式示意图

装备配置情况：电缆主干线采用 $YJV_{22}-3\times300$、$YJV_{22}-3\times400$ 导线，进线三条，出线二十二至二十六条，进、出线均采用断路器柜。

规模控制：一组开关站两供一备接线由三条电缆线路构成，其中两条主供线路来自两座不同的 110kV 变电站，备用线路来自来上述变电站的不同母线，一个标准开关站两供一备接线挂接配变容量最终规模在 80MVA 以内。

运行水平控制:正常运行方式下两侧进线各带 100%负荷,中间进线热备用、不带负荷。线路已不满足 $N-1$ 或单回线路装见容量超过 15 000kVA(为居民负荷为主的变电站馈线所送变压器总容量可放宽至不超过 18 000kVA)时,原则上不允许新负荷接入。

自动化水平:开关站进、出线开关均实现"三遥"功能。

该接线方式简单可靠,运行负载率高,但拓展困难,灵活性差。适用于高负荷密度较高的开发区、工业区、高科技园区,采用该接线方式线路占线路总数的 35.29%。

3. 中压配电网过渡接线方式选择

(1)开关站两进线方式。开关站两进线接线方式适用于负荷密度在(多在 15MW/km² 以下)开发区、工业区、高科技园区、成片住宅区。建设方式为一次性建设而成,无过渡方案。

(2)两供一备接线方式(图 3–37)。X 市湖里片区建设开发初期,部分地区地块建设开发已经完成,但用户入住率较低,区域平均负荷密度较低(多在 10MW/km² 以下),区域负荷处于成长阶段,主供 110kV 电源点与目标网架电源布点有一定差距。

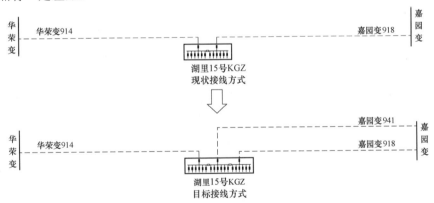

图 3–37　开关站两供一备接线方式过渡方案示意图

这一时期,X 市湖里片区中压配电网接线方式仍选用两供一备接线模式,先投两侧进线,挂接配变容量上限以线路最大电流不超过运行限额为标准。

当区域负荷逐步增长,两条进线线路供电能力不能满足需求时,根据目标网架规划结构,建设第三回进线,提高线路负载能力,满足供电需求同时也符合目标网架规划结果。

根据近年来湖里片区两供一备接线建设实际情况看,对负荷密度较高的开发区、工业区、高科技园区有较强的适应性，通过两侧进线投建建成，一方面满足初期负荷发展；另一方面第三条进线建设完成后，将有效提高供电能力，满足后续建设开发电力需求，实现投资效益最大化。

3.3.4 案例四：Z市城市核心区

1. 中压电网接线方式

Z市中压配电网接线主要采用电缆单环网、"3-1"单环网和"N供一备"（N=2或N=3）三种接线方式。

（1）电缆单环网（图3-38）。

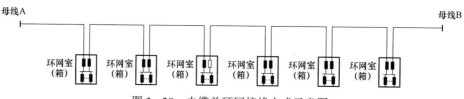

图3-38 电缆单环网接线方式示意图

装备配置情况：电缆主干线采用$YJV_{22}-3×300$导线，环网室采用单母线方式，进线两条，出线四条至六条，进线采用负荷开关柜，出线采用断路器柜或负荷开关柜。

规模控制：一组标准"2-1"单环接线方式由2条电缆线路构成，分别来自两座不同的110kV变电站，一个标准"2-1"单环网内环网室最终数量一般不超过10座。

运行水平控制：该接线方式供电可靠性高，接线方式简单，运行方便，可满足$N-1$安全准则，但线路利用率仅为50%。

（2）"3-1"单环网（图3-39）。

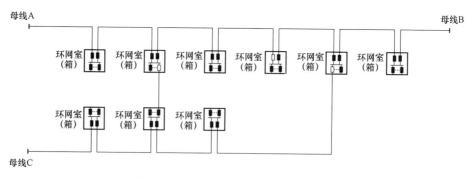

图3-39 "3-1"单环网接线方式示意图

装备配置情况：电缆主干线采用 YJV$_{22}$-3×300 导线，环网室采用单母线方式，进线两条，出线四条至六条，进线采用负荷开关柜，出线采用断路器柜或负荷开关柜。

规模控制：一组标准"3-1"单环接线方式由 3 条电缆线路构成，分别来自两座不同的 110kV 变电站，其中两条线路形成电缆单环网接线方式，第三条线路在最接近上述线路负荷等分点处，分别与两个线路形成联络，一个标准单环内环网室最终数量一般不超过 15 座。

运行水平控制：该接线方式供电可靠性高，线路利用率最高可达 67%，可满足 $N-1$ 安全准则。为提高实际可转供能力，联络点一般需在负荷等分点，最优位置难以选择，组网较为困难；实际可转供能力受负荷分布影响较大，实际线路利用率与最高预期有所差异。

（3）"N 供一备"（见图 3-40）。

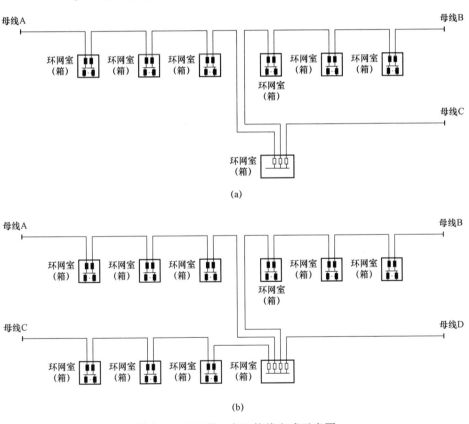

(a)

(b)

图 3-40 "N 供一备"接线方式示意图

（a）两供一备接线方式；（b）三供一备接线方式

装备配置情况：电缆主干线采用 $YJV_{22}-3\times300$ 导线，环网室采用单母线方式，进线两条，出线四条至六条，进线采用负荷开关柜，出线采用断路器柜或负荷开关柜，每组表中接线均设有一座环网室作为备用联络柜，一般该环网室为单母线接线建有 4 路出线间隔用于备用线路与主供线路联络。

规模控制：一组标准三供一备接线方式由四条电缆线路构成，分别来自多座不同的 110kV 变电站四台主变压器，其中三条线路为区域进行供电（相互之间无分段或分支联络），备供线路空载运行在备用联络柜处与上述三条线路形成联络，一个标准单环内环网室最终数量一般不超过 15 座。

运行水平控制：一组标准两供一备接线方式由 3 条电缆线路构成，分别来自多座不同的 110kV 变电站三台主变压器，其中两条线路为区域进行供电（相互之间无分段或分支联络），备供线路空载运行在备用联络柜处与上述两条线路形成联络，一个标准单环内环网室最终数量一般不超过 10 座。

运行水平控制：两供一备、三供一备接线方式供电可靠性高，线路利用率最高可分别达到 67% 和 75%，可满足 $N-1$ 安全准则。但实际运行过程中主供线路少有满载运行，实际利用率与理论研究结果有所差异，其次联络点受地理位置及负荷分布等因素的影响较大；组网相对困难。

2. 中压配电网过渡接线方式选择

（1）"N 供一备"接线网架过渡方案："N 供一备"接线网架在实施中，先形成"2-1"单环网，并在适当环网点处预留联络间隔，单回路馈线线路负载率控制在 50% 以内；"2-1"单环网备用容量无法满足全备用时，可建设备用线路，形成"2 供 1 备"主备馈线组模式网络，满足供电要求。随着负荷继续增长，可选用两种方案发展为"3 供 1 备"接线。

方法 1：从联络环网点接出一回线路挂接新增负荷，暂时从备用线获得电源，待新线路负荷达到一定水平时接入变电站。

方法 2：从变电站直接新出 1 回线路接入联络环网点，沿主干线可根据实际需要预留不多于四个主环网点。新增负荷经支线接入就近的主环网点。

当负荷进一步发展，"三供一备"接线不能满足"$N-1$"的供电要求时，不应在"三供一备"接线模式基础上再增加线路，而应重新回到"2-1" 环网的模式再次循环发展。

（2）"$N-1$"接线网架过渡方案。

"$N-1$"接线网架在实施中，先形成"2-1"单环网，并参照线路负荷分布，适当分段，在分段点处预留联络间隔，单回路馈线线路负载率控制在 50% 以内；随着负荷增长"2-1" 单环网难以满足供电需求时，从变电站新配出一回线路，调整原有线路负荷，并与原有两回线路环网，形成"3-1"单环网接线。

当负荷进一步发展时，可从变电站新配出一回线路，调整原有线路负荷，并与原有三回线路环网，形成四回一组"3-1"单环网接线。当负荷进一步发展，4回一组的"3-1"环网接线不能满足"$N-1$"的供电要求时，不应在4回一组的"3-1"环网接线模式基础上再增加线路，而应重新回到"2-1"环网的模式再次循环发展。

▶ 习　题 ◀

1. 简述中心城区域发展的特点，分析现阶段其配电网建设发展面临的主要问题。

2. 简述中心城配电网目标网架选择需要遵循的主要原则。

3. 绘制A+、A类供电区110kV变电站配置三台或四台主变情况下，接入两座220kV变电站的所选择的典型接线方式，并描述满足"$N-1$"下的运行方式变化。

4. 简述采用开关站接线方式作为目标网架时，中压配电网接线方式过渡的技术路线。

5. 简述电缆双环网接线方式结构特点及设备基本选型，并简述过渡过程中可以选择的衍生接线方式及演变过程。

6. 简述"两供一备""三供一备"接线形成与演变过程。

4 新型城镇区域网架结构选择与案例

新型城镇一般为功能性突出城镇化程度高的城镇、城市拓展区、产业园区等，在供电区定位中多为 B 类供电区，远期负荷密度在 $6 \sim 15 MW/km^2$ 之间，供电区用户年平均停电时间不高于 3h（RS－1≥99.965%）。

本章选取 X 市、Q 市、N 市 WX 区、HO 市 ZL 镇、XA 市 YL 区五个城镇电网为典型案例，一方面分析产业园区配电网接线方式的选择以及如何通过过渡接线技术路线选择高效适应区域弹性发展；另一方面研究现有城镇区域复杂联络尤其是架空网络如何进行优化。样本中 N 市 WX 区是电缆双环网和架空线多分段适度联络接线的典型代表，HO 市 ZL 镇是电缆单环网和架空线多分段单联络接线的典型代表，通过分析不同类型地区网架结构特点，可以指导区域配电网结构选择。

4.1 目标网架结构选择与分析

4.1.1 建设发展目标

满足供电可靠性需求、适度提高运行灵活性是新型城镇配电网的建设目标，根据 DL/T 5729—2016《配电网规划设计技术导则》的要求，B 类供电区用户年平均停电时间不高于 3h，综合电压合格率达到 99.965%以上。结合国内主要城市新型城镇配电网建设发展情况，其配电网应满足以下建设发展目标，见表 4－1。

表 4－1　　　　　　　　　　新型城镇配电网建设发展目标

供电区域	B
高压配电网	应满足主变压器 $N-1$
中压配电网	应满足线路 $N-1$

供电安全水平	0～2MW 负荷组	故障修复后恢复供电
	2～12MW 负荷组	5min 内非故障段恢复供电
	12～180MW 负荷组	15min 内恢复供电
户均停电时间		<3h
供电半径		<3km
联络化率		100%
站间联络率		>70%

4.1.2 高压配网目标接线方式

新型城镇高压配电网接线方式的选择一方面考区域对供电可靠性具有一定需求，同时区域发展速度、开发时序存在一定不确定性，需要其接线方式具备一定适应性，从可靠性角度出发一般采用双侧电源链式结构，目标网架以双链接线方式为主。110～35kV 电网目标电网结构推荐如表 4-2 所示。

表 4-2　　　　　　110－35kV 电网目标电网结构推荐表

电压等级（kV）	供电区域类型	链式			环网		辐射	
		三链	双链	单链	双环网	单环网	双辐射	单辐射
110（66）	B 类		√				√	
35	B 类		√				√	

110kV 电网接线模式可选择表 2-3 中的模式一、模式三和模式五；66kV 电网接线模式选择表 2-4 中模式一；35kV 电网接线模式选择表 2-5 中模式一。

110、66、35kV 变电站最终规模选择需要综合考虑区域负荷密度、空间资源条件，以及上下级电网的协调和整体经济性等因素，城区 110、66kV 变电站最终规模应按照 3 台主变压器考虑，110kV 单台主变压器容量可考虑选用 63、50MVA 和 40MVA 三种，66kV 单台主变压器容量可考虑选用 50、40MVA 和 31.5MVA 三种；35kV 变电站最终规模根据其供区实际情况按照 2～3 台考虑，单台主变压器容量可考虑选用 31.5、20MVA 和 10MVA 三种，见表 4-3。

电压等级（kV）	供电区域类型	台数（台）	单台容量（MVA）
110	B 类	2～3	63、50、40
66	B 类	2～3	50、40、31.5
35	B 类	2～3	31.5、20、10

注   1. 表中的主变压器低压侧为 10kV。

    2. 对于负荷确定的供电区域，可适当采用小容量变压器。

    3. 区域中 31.5MVA 变压器（35kV）适用于电源来自 220kV 变电站的情况。

110、66、35kV 线路导线截面的选取一般按照经济电流密度选取，并根据机械强度以及事故情况下的发热条件进行校验，应综合饱和负荷状况、线路全寿命周期统筹考虑，同时需要与电网结构、变压器容量和台数相匹配。从目前国内主要城镇高压配电网导线截面选择情况看，新建 110、66kV 架空线路截面一般不小于 240mm²，电缆线路截面一般不小于 630mm²，新建 35kV 架空线路截面一般不小于 150mm²。

4.1.3 中压配网目标接线方式

作为城市拓展区、工业功能区，大部分新型城负荷密度相对较高，用户双路电源接入需求相对密集。因此，中压配电网目标网架接线方式一般选取电缆双环网、电缆单环网、架空线多分段适度联络、架空线多分段单联络等四种接线方式。

标准化是近年来中压配网建设中遵循的主要原则，规范设备选型、简化设备类型，结合地区实际特点、远景负荷水平、按照全寿命周期一次性选择，避免重复建设与改造，中压配电网新建电缆线路导线截面一般选用 400mm² 和300mm² 两种，新建中压架空线路导线截面一般选用 240mm² 和 185mm² 两种。

目前，新型城镇区域电缆网主干环网节点为环网室（箱），主要用于电缆线路环进环出及分接负荷，作为主干环网节点使用，环网室（箱）每段母线以配置六路间隔居多，其中两路作为主干线路环进环出使用，其余作为出线间隔分配负荷使用。

架空网主干节点为柱上开关，可分为分段开关和联络开关两种类型，线路分段、联络开关宜选择负荷开关，长线路后段（超出变电站过电流保护范围）、较大分支线路首端及用户分界点处可选择断路器。

（1）综合比较分析。电缆双环网可靠性和安全性能够实现高标准的供电安全可靠性，运行方式简单可靠，适用于负荷密度较高的城市开发区、城市拓展区；电缆单环网可靠性和安全性明显优于架空多分段适度联络，且经济成本也不高，易于改造扩展、运行难度小，适用于负荷密度不高的城市开发区、城市拓展区及新型城镇；架空多分段适度联络和架空多分段单联络接线经济造价差别不大，但架空多分段适度联络具有更好的供电安全性，且运行难易程度和改造难度更优，适用于一般的工业园区、城郊结合区及新型城镇。

（2）过渡方式分析（见表4-4）。

表 4-4　　　　　　　　过 渡 方 式 分 析 表

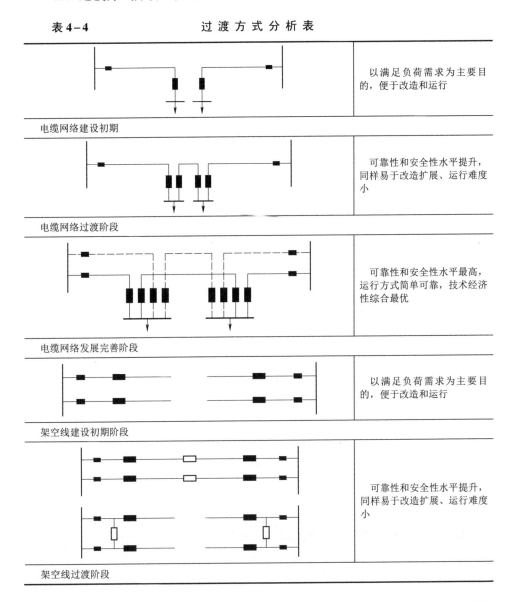

电缆网络建设初期	以满足负荷需求为主要目的，便于改造和运行
电缆网络过渡阶段	可靠性和安全性水平提升，同样易于改造扩展、运行难度小
电缆网络发展完善阶段	可靠性和安全性水平最高，运行方式简单可靠，技术经济性综合最优
架空线建设初期阶段	以满足负荷需求为主要目的，便于改造和运行
架空线过渡阶段	可靠性和安全性水平提升，同样易于改造扩展、运行难度小

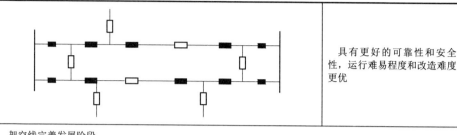

| | 具有更好的可靠性和安全性，运行难易程度和改造难度更优 |

架空线完善发展阶段

4.2 高压配电网结构选择案例

根据高压配电网接线方式推荐结果，本次选择 X 市、Q 市两地城区高压电网作为典型，分析研究其高压配电网目标网架构建与结构演变过程，为同类型地区电网建设与改造提供参考。

4.2.1 案例一：X 市 JM 区

1. 区域基本情况

JM 区位于 F 省东南沿海，X 市西部，西北与漳州交界，东南由 X 市大桥及高集海堤连接厦门岛，是进出 X 市经济特区的重要门户，区域面积 255.9km²，常住人口约 64.4 万人，2015 年全年实现生产总值 494.15 亿元，以第二产业为主，拥有 XL、JM 两个台商投资区和 X 市机械工业集中区三大工业园区。

目前，X 市 JM 区电压等级序列为 500/220/110/10/0.38kV 和 500/220/35/10/0.38kV 两类，局部地区仍有少量 110/35/10kV 的变压器还在使用，高压配电网主要为 110kV 和 35kV 两个电压等级。

2. 现状接线方式

目前，JM 区 110kV 变电站以 110/10kV 两圈变压器为主，远景规模按照三台主变压器设计，单台主变压器容量 40MVA 和 50MVA 两种，变电站 110kV 侧主要采用扩大内桥接线方式，10kV 侧采用单母线四分段接线或六分段环式接线，每台主变压器配置 10kV 出线 10 回或 12 回。110kV 变电站主接线如图 4-1 所示。

JM 区 110kV 线路多采用截面为 1×800、1×630、1×500mm² 的电缆或截面为 240、300、400mm² 的架空线。市区 110、35kV 电网主要采用辐射型或双侧电源链式接线模式，典型接线方式如图 4-2 所示。

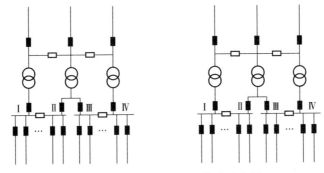

图 4-1 110kV 变电站主接线示意图

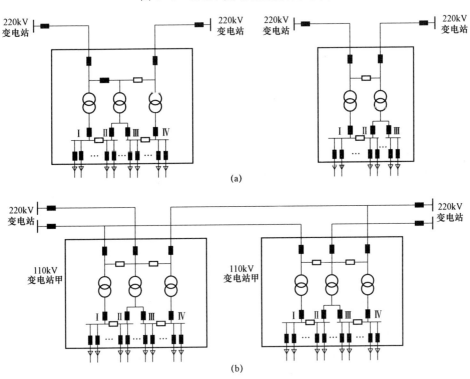

(a)

(b)

图 4-2 35、110kV 电网现状主要接线示意图
（a）单链接线；（b）双侧电源链式接线（四线两站六变）

3. 高压目标网架接线方式

JM 区 110kV 电网目标接线方式网架采用双侧电源四线六变，由 2 座 220kV
变电站作为电源，采用 T、Π 混合方式接入 2 座 110kV 变电站，变电站主接线
采用扩大内桥接线。110kV 架空线路导线截面选择 300mm² 钢芯铝绞线，电缆

线路导线截面选择 630mm² 截面电缆。

110kV 电网目标网架接线如图 4-3 所示。

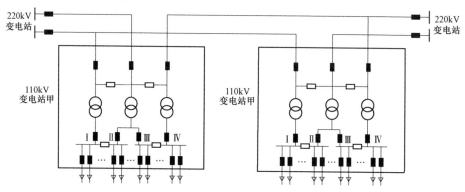

图 4-3　110kV 电网目标网架接线示意图

4.2.2　案例二：Q 市 HD 区

1. 区域基本情况

Q 市 HD 区总面积为 2096km²，总人口 171 万人，2012 年行政区划调整后成为 Q 市第一大行政区，承接 Q 市主城区产业转移以及城市拓展，近年来国民经济发展十分迅速，2016 年 GDP 为 2766 亿元。

2. 现状接线方式

HD 区电压等级序列为 500/220/110/35/10/0.38kV，目前 110kV 变电站以 110/10kV 两圈变压器为主，远景规模按照三台主变压器设计，单台主变压器容量为 31.5、50MVA 和 63MVA 三种，变电站 110kV 侧主要采用内桥接线，10kV 侧采用单母线四分段接线或六分段环式接线，每台主变压器配置 10kV 出线 10 回或 12 回。

110kV 变电站主接线如图 4-4 所示。

HD 区 110kV 线路多采用截面为 1×630、1×400mm² 的电缆或截面为 2×240、400、300mm² 的架空线。

市区 110kV 电网主要采用辐射型或双侧电源链式接线模式，典型接线方式如图 4-5 所示。

3. 高压目标网架接线方式

HD 区 110kV 电网目标接线方式网架采用互为备用链式结构，分片供电。110kV 变电站的进线应尽量来自于不同的 220kV 变电站，或至少要来自于同一变电站的不同母线。110kV 架空线路导线截面选择 300mm² 钢芯铝绞线，电缆线路导线截面选择 630mm² 截面电缆。

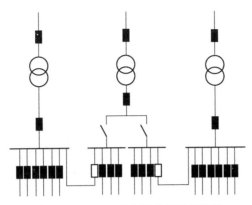

图 4-4　110kV 变电站主接线示意图

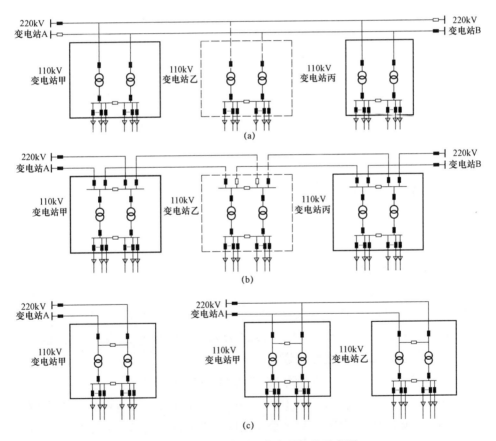

图 4-5　110kV 电网现状主要接线示意图
（a）双链 T 接方式；（b）双链 Π 接方式；（c）单侧电源辐射接线

110kV 电网目标网架接线如图 4−6 所示。

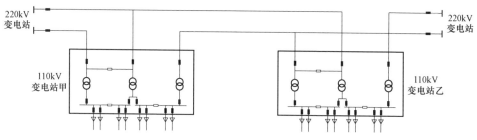

图 4−6   110kV 电网目标网架接线示意图

35kV 电网目标接线方式网架采用互为备用的放射结构，分片供电，进线应以来自于不同的 220kV 变电站为主，也可考虑来自于同一变电站的不同母线。35kV 架空线路导线截面选择 300mm² 钢芯铝绞线，电缆线路导线截面选择 400mm² 截面电缆。

35kV 电网目标网架接线如图 4−7 所示。

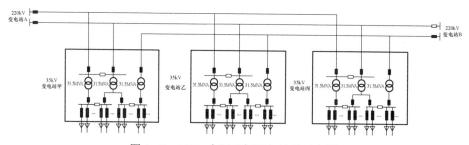

图 4−7   35kV 电网目标网架接线示意图

4.2.3 案例三：XA 市 YL 区

1. 区域基本情况

XA 市 YL 区是我国唯一的国家级农业高新技术产业示范区。YL 示范区辖 2 街道办 3 个建制镇，18 个居委会，71 个行政村。全区总面积为 135km²，2015 年 GDP 为 104.2 亿元，全区总人口 20.34 万人，人均 GDP 达到 5.12 万元。

2. 电网基本情况及供电区划分

目前，YL 区电压等级序列为 750/330/110/35/10/0.38kV。

2015 年，YL 区供电公司全年累计实现售电量 4.6292 亿 kWh，全社会最大负荷 96.71MW。目前，YL 区供电公司辖区范围内划分为 B、D 两类供电区域，B 类供电面积 19.03km²，占总供电面积的 19.08%；常住人口 13.2 万户，占全市的 65.67%，范围包括 YL 区街办、李台街办。

3. 现状接线方式

目前，YL 区 110kV 变电站 110/10kV 两圈变压器为主，远期规模按照三台主变压器设计，单台主变压器容量为 31.5MVA 一种，变电站 110kV 侧主要采用内桥接线，10kV 侧采用单母线四分段接线或六分段环式接线，每台主变压器配置 10kV 出线 7 回。

YL 区 110kV 线路多采用截面为 1×630、$1 \times 400 mm^2$ 的电缆或截面为 2×240、400、$300 mm^2$ 的架空线。YL 区 110kV 电网主要采用辐射型或双链 Π 接方式。目前，在区域 330kV 电源点布局尚未完善情况下，一个双链内串接入的变电站数量在 2～4 个之间，典型接线方式如图 4-8 所示。

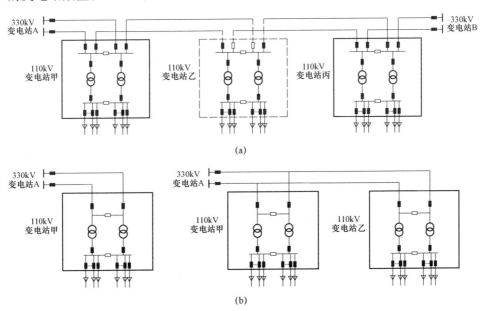

(a)

(b)

图 4-8　110kV 电网现状主要接线示意图
（a）双链 Π 接方式；（b）双辐射接线

4. 高压目标网架接线方式

YL 区 110kV 电网目标接线方式网架采用链式接线（见图 4-9），由 2 座 330kV 变电站作为电源，采用 Π 接方式接入 2 座或 3 座 110kV 变电站，形成双侧电源双回链式结构（四线三站九变），一个完整双回链式结构中最多串入 3 座 110kV 变电站，变电站主接线为单母线分段方式。

正常运行方式下，3 座变电站母联开关断开，330kV 变电站至首座变电站双回线路均运行，各有一条线路串带中间变电站的一段母线，其余两回线路首端变电站开关闭合，中间变电站开关热备；首端变电站至中间变电站任一回运行线路故障，备自投装置动作，由相同母线段另外一回线路供电，母联开关仍保持分列运行；若330kV变电站至首端变电站任一回线路故障，备自投装置动作，母联开关闭合，有另外一条线路供全站及下一级相应母线段运行，若线路为永久性故障，为保证负荷均衡，需进行倒闸操作，将中间变电站负荷转由另一个首端变电站供电，此变电站由一回非故障线路供电。

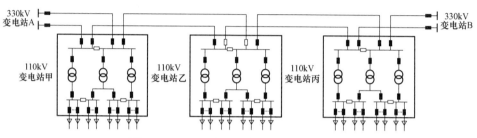

图4-9 110kV电网目标网架接线示意图

该模式下110kV变电站最终规模按照3台63（或50）MVA主变压器设计，110kV电气主接线单母线分段接线，出线4回，10kV电气主接线为单母线四分段接线，出线36回，每台主变压器低压侧无功补偿容量按主变压器容量的10%～30%考虑。

110kV采用架空线形式时，四条电源进线截面可选 $2 \times 300mm^2$，联络线截面可选 $2 \times 240mm^2$。110kV采用电缆形式时，四条电源进线截面可选 $1000mm^2$，联络线截面可选 $800mm^2$。

4.3 中压配电网结构选择案例

中压配电网结构选择案例样本区域依据典型接线方式分类按照双环供电模式、单环供电模式、架空多分段适度联络供电模式选择N市WX区智慧产业园、HU市ZL镇2个地区进行案例分析。

4.3.1 案例一：N市WX区智慧产业园南区

1. 区域简介

N市WX区智慧产业园南区位于N市WX区西南位置，陆中湾江以东，十塘横江以南，七塘江以北，区域面积82.84km²。该区域是目前N市WX区高新产业聚集区，区域内有吉利产业园、大众汽车等众多大型工业用户。

2016 年智慧产业园南区最大负荷为 274.47MW，核心区平均负荷密度为 3.31MW/km²，根据 DL/T 5729—2016《配电网规划设计技术导则》相关要求，目前该区域划分为 B 类供电区。

2. 10kV 电网接线方式

智慧产业园南区中压配电网以双环接线与架空线路多分段适度联络为主，在变电站间隔紧张、负载率较高区域采用双环 T 型接线。具体接线方式如下。

（1）电缆双环接线方式（见图 4−10）。

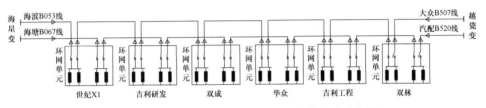

图 4−10　智慧产业园南区电缆双环接线方式示意图

装备配置情况：电缆主干线采用 YJV$_{22}$−3×300 导线，环网室采用双母线方式，进线 4 条（两进两环出），出线 8～12 条，进线采用负荷开关柜，出线采用断路器柜或负荷开关柜。

规模控制：一组标准双环接线方式由四条电缆线路构成，分别来自两座不同的 110kV 变电站，一个标准双环内环网室最终数量一般不超过 6 座，每座环网室容量大多控制在 12MVA 以内，一个标准双环挂接配电变压器容量最终规模在 40～60MVA 之间。

运行水平控制：正常运行方式下线路负载率不超过 50%，线路最大电流不超过 350A。

自动化水平：环网室进、出线开关均实现"三遥"功能。

分布情况：该接线方式主要存在于智慧产业园南区工业与科研区域为主。

（2）架空线多分段适度联络接线（见图 4−11）。

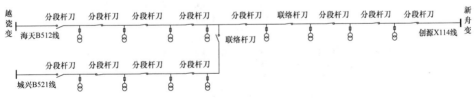

图 4−11　智慧产业园南区架空线多分段适度联络接线方式示意图

装备配置情况：电缆主干线采用 YJV$_{22}$−3×300 导线，架空线采用 JKLYJ−240。

规模控制：一组架空线多分段适度联络接线方式由四条架空线路构成，一般来自两座或三座不同的 110kV 变电站。一个架空线多分段适度联络接线分为三段，每条线路采用 2～3 个联络。目前智慧产业园南区内每条架空线路容量大多控制在 12MVA 以内。

运行水平控制：正常运行方式下线路负载率不超过 66%，线路最大电流不超过 450A。

使用区域：该接线方式主要位于智慧产业园南区工厂密集地区内。

3. 中压配电网过渡接线方式选择

（1）双环长链开断。智慧产业园南区建设开发初期，开发建设以片区开发为主，对于片区内部电网建设面临区域开发力度大而负荷相对小的问题，为抢占增量市场，满足片区内各地块初期开发建设，采用电缆双环网接线模式，以远期目标网架标准，适当增加网架节点，形成双环长链接线以适应过渡发展阶段。

智慧产业园南区中压配电网过渡发展阶段形成的双环长链接线，主干环网建设、用户接入时均按照双环标准一次性建成，单个双环接线供电容量、接入环网室数量多于目标网架控制标准，环网挂接配变容量上限以线路最大电流不超过运行限额组为标准。

过渡发展阶段电缆双环组网过程中，主干环网路径多参考目标网架规划结果，结合区域用户开发以及后续变电站布置合理布局，主干环网在满足运行安全可靠性的前提下，尽可能覆盖有供电需求的区域。

当园区入驻用户负荷逐步增长，环网线路供电能力不能满足需求时，根据目标网架规划结构，结合新建变电站送出工程，有针对性的开断已建成双环长链，形成两个或多个双环短链，满足供电需求同时也符合目标网架规划结果。

双环长链开断示意如图 4-12 所示。

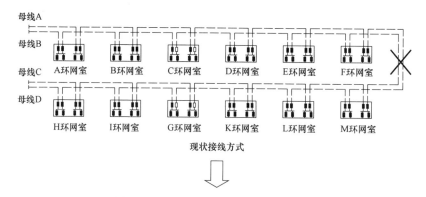

图 4-12　双环长链开断示意图（一）

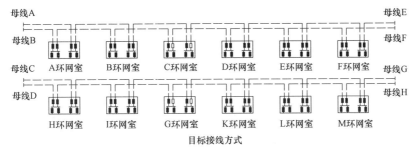

图 4-12　双环长链开断示意图（二）

根据近年来智慧产业园南区电缆双环网建设实际情况看，双环长链开断到双环短链的方式，对负荷密度快速上升城市核心区有较强的适应性，通过主干环性按照双环标准一次性建成，一方面在城市建设发展初期已经按照目标网架获取了相关通道资源，基础设施建设投入资本最小，另一方面用户接入均按照目标网架一次性建成，以较高的供电可靠性持续满足用户需求，后续网架结构优化、切改仅涉及变电站出线段，避免重复建设与改造。

（2）双环扩展型接线过渡方式。智慧产业园南区建设开发初期，开发建设以片区开发为主，较早开发片区电网已建设完成，负荷处于成长期；对于新开发片区，由于建设初期负荷水平相对较低，已建成片区电缆延伸至新开发片区存在网架结构反复改接的问题，因此按照双环长链开断进行网架优化的模式适应性下降。

其主要表现为：① 为满足新开发片区，原有已建成片区双环接线需进一步延伸电缆至新开发地块满足接入需求，而后续负荷成长后，延伸电缆将进一步改接退出；② 空间资源等多种因素影响，延伸电缆会出现迂回供电的问题，经过综合分析，采用双环扩展型接线进行过渡。

T 型双环过渡示意如图 4-13 所示。

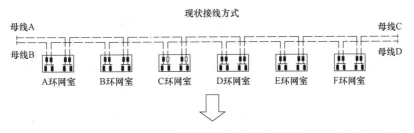

图 4-13　T 型双环过渡示意图（一）

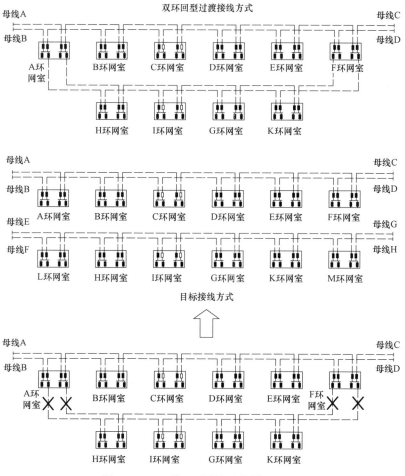

图4-13 T型双环过渡示意图（二）

采用双环扩展型接线方式进行过渡时，初期电缆环网结合新增负荷发展情况，选择合理路径，按照双环建设标准，新出两回电缆线路形成双环扩展式接线方式，同时调整线路运行方式，合理设置开断点，实现负荷进行均衡；后续结合目标网架规划方案，在适当时期对双环扩展型接线进行开断，形成两个标准双环，实现向目标网架过渡。

根据建设经验可知，在局部电网资源、空间资源紧张，增量市场片区开发建设的地区双环扩展型接线作为过渡方式具有较强的适应性与经济性，双环扩展型接线是一种过渡方式，其配套建设应充分考虑目标网架建设标准，其站房建设、用户接入严格按照目标网架标准控制。

（3）架空线多分段单联络接线过渡方式。根据智慧产业园南区架空线多分段适度联络接线方式建设发展历程看,当区域发展初期由于负荷发展速度问题,局部地区负荷较低。加之由于上级电源布点不足及开发区域较大,导致中压出线间隔紧张,架空线多分段适度联络接线较浪费出线资源。部分地区配网以架空线多分段适度联络接线为目标网架,以架空线多分段单联络接线作为过渡方式。

其主要表现为:在区域开发初期采用,按照目标网架规划需要进行长链开断,但周边变电站间隔不足以支撑该优化方案进行开环解链,其原因主要有:①周边电源点较少,开发区域面积较大;②区域负荷较低。经过综合分析,采用架空线多分段单联络接线进行过渡,部分地区可按照实际情况采用单辐射接线模式。

多分段适度联络过渡示意如图 4-14 所示。

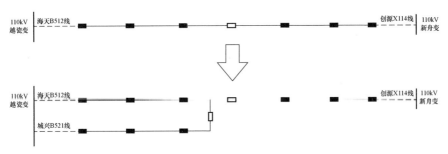

图 4-14　多分段适度联络过渡示意图

采用架空线多分段单联络接线过渡方式进行过渡时,初期架空网负荷水平接近运行限额时,结合其周边区域发展情况、电源建设情况以及线路负荷发展趋势等进行综合分析,结合新增负荷发展选择合理路径与上级电源,新出一回架空线路接入现有架空线路,同时调整线路运行方式,合理设置开断点,实现负荷进行分流;后续结合目标网架规划方案,根据实际负荷发展情况对联络情况进行改造,实现向目标网架过渡。

在局部电网资源、空间资源紧张地区采用架空线多分段单联络接线作为过渡方式具有较强的适应性与经济性。同时架空线多分段单联络接线网架结构简洁,联络关系清晰,根据区域实际定位与负荷发展情况,也可作为目标接线方式长期保留。

4.3.2　案例二:HU 市 ZL 镇

1. 区域简介

ZL 镇地处杭嘉湖平原,HU 市吴兴区东部,距 HU 市区仅 18km,北依太湖,南靠 318 国道和长湖申航道,东临江南小镇南浔,历史上因织造业兴盛而得名，史料中就有"遍闻机杼声"的记载，境内土地肥沃，河道众多，是典型的鱼米之乡。改革开放以来，ZL 镇坚持从实际出发，以市兴镇，大力发展商品市场和个体私营经济。现已成为浙北地区重要的商贸型城镇、城区的首位镇、HU 市重点发展的六大中心城镇之一和对外开放的重要窗口。

2016 年 ZL 镇最大负荷为 271.43MW，核心区平均负荷密度为 5.5MW/km²，根据 DL/T 5729—2016《配电网规划设计技术导则》相关要求，目前 ZL 镇划分为 B 类供电区。

2. 10kV 电网接线方式

ZL 镇中压配电网以电缆单环网和架空多分段适度联络为主，对于高可靠性需求用户采用专线或准专线接线方式。具体接线方式如下。

（1）电缆单环接线方式（见图 4-15）。

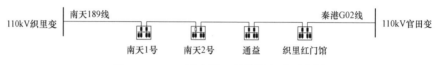

图 4-15　ZL 镇电缆双环接线方式示意图

装备配置情况：电缆主干线采用 YJV22-3×300 导线，环网室采用单母线方式，进线两条，出线四条至六条，进线采用负荷开关柜，出线采用断路器柜或负荷开关柜。

规模控制：一组标准单环接线方式由 2 条电缆线路构成，分别来自两座不同的 110kV 变电站，一个标准单环内环网室最终数量一般不超过 6 座，每座环网室容量大多控制在 12MVA 以内，一个标准双环挂接配变容量最终规模在 20～30MVA 之间。

运行水平控制：正常运行方式下线路负载率不超过 50%，线路最大电流不超过 350A。

自动化水平：环网室进、出线开关均实现"三遥"功能。

分布情况：适用于普通城市区以及高可靠性要求的乡镇中心，例如 ZL 镇，其电缆线路均采用单环接线方式。

（2）架空多分段适度联络接线（见图 4-16）。

装备配置情况：架空主干线采用 JKLYJ-240 导线，每条线路分段数为三段至五段。

规模控制：多分段适度联络条线路最多联络数不超过四条，来自两座及以上变电站。线路每段负荷不超过 2MW，每段装机容量控制在 3600kVA 以内，一条线路装机容量控制在 12MVA 以内。

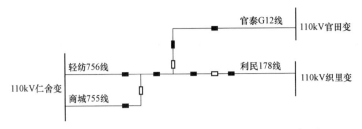

图 4-16   ZL 镇架空多分段适度联络接线方式示意图

运行水平控制：正常运行方式下线路负载率不超过 75%，线路最大电流不超过 350A。

自动化水平：开关均实现"三遥"功能。

使用区域：适用于城郊分界、乡镇以及部分农村地区。

3. 中压配电网过渡接线方式选择

（1）架空线多分段单联络接线过渡方式（发展阶段）（见图 4-17）。根据对 ZL 镇架空线多分段适度联络接线方式建设发展历程看，ZL 镇童装产业分布区发展初期，由于熨烫等工序采用煤锅炉供电，负荷增长较慢，配网目标线路以架空辐射线为主。随着煤改电的推动，ZL 镇配网出现较大负荷增长，为满足负荷发展需求和供电可靠性需求，将架空接线方式改为多分段适度联络后，有效解决了负荷增长、可靠性需求和区域网架接线方式互相匹配的难点。

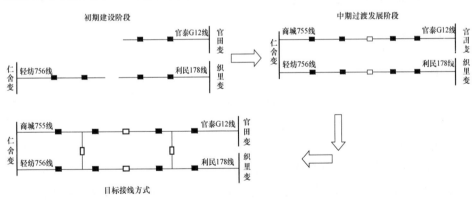

图 4-17   多分段适度联络过渡示意图

（2）架空线多分段单联络接线过渡方式（成熟阶段）（见图 4-18）。随着 ZL 镇童装产业分布区发展成熟，电力需求趋于饱和，前中期发展过程中，由于煤改电负荷增量较大而电源建设相对滞后，为满足区域负荷增长和施工进度需求，架空线路多 T 接于就近线路形成联络，最终发展成为一张网，难以辨识主干网络，对于调度、生产、运维均造成一定的困难。结合区域定位、负荷水平和接线方式标准，在保证可靠性水平和转移能力基础上，对接线线路就行优化，减少冗余联络，提高接线结构标准化水平，提升调度运维便捷性。

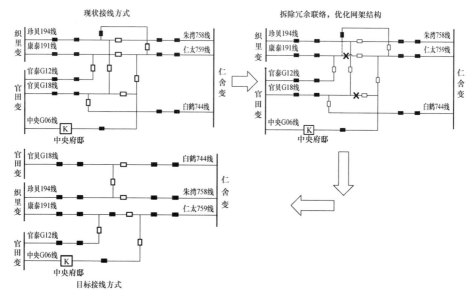

图 4-18 多分段适度联络过渡示意图

4.3.3 案例三：XA 市 YL 区

1. 区域简介

YL 区位于陕西省关中平原中部，是我国唯一的国家级农业高新技术产业示范区，东距 XA 市 82km，西距宝鸡 86km，总面积 135km²。陇海兰新铁路、西宝高铁及西宝高速公路均从区域内东西向穿过，是 YL 区东连我国中东部地区、西进西北、西南地区的重要通道。

2015 年 YL 示范区最大网供负荷为 94.35MW，街办平均负荷密度为 8.43MW/km²，镇区平均负荷密度为 0.96MW/km²。根据 DL/T 5729—2016《配电网规划设计技术导则》相关要求，目前 YL 示范区划分为 B、D 两类供电区。

2. 10kV 电网接线方式

YL 示范区中压配电网以架空电缆混合网络，以架空线路为主，对于高可靠性需求用户采用专线。具体接线方式如下。

（1）架空多分段单联络接线（见图 4-19）。

1）装备配置情况：架空主干线采用 JKLYJ-240 导线，每条线路分段数为三段至五段。

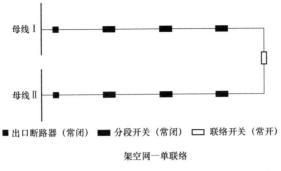

■ 出口断路器（常闭）　■ 分段开关（常闭）　□ 联络开关（常开）

架空网—单联络

图 4－19　YL 示范区架空多分段单联络接线方式示意图

2）规模控制：多分段单联络条线路来自两座及以上变电站。线路每段负荷不超过 2MW，每段装机容量控制在 3600kVA 以内，一条线路装机容量控制在 12MVA 以内。

3）运行水平控制：正常运行方式下线路负载率不超过 50%，线路最大电流不超过 250A。

（2）架空多分段适度联络接线（见图 4－20）。

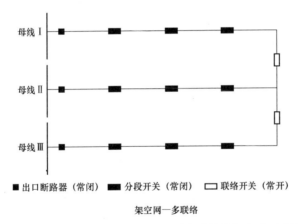

■ 出口断路器（常闭）　■ 分段开关（常闭）　□ 联络开关（常开）

架空网—多联络

图 4－20　YL 示范区架空多分段适度联络接线方式示意图

1）装备配置情况：架空主干线采用 JKLYJ－240 导线，每条线路分段数为三段至五段。

2）规模控制：多分段适度联络条线路最多联络数不超过四条，来自两座及以上变电站。线路每段负荷不超过 2MW，每段装机容量控制在 3600kVA 以内，一条线路装机容量控制在 12MVA 以内。

3）运行水平控制：正常运行方式下线路负载率不超过 55%，线路最大电流不超过 350A。

▶ 习　题 ◀

1. 简述新城城镇区域特点，分析其配电网建设发展中面临的主要问题。

2. 简述新型城镇区域高压、中压配电网可以选用的典型接线方式以及其适用的区域。

3. 绘制三座 110kV 变电站三台主变压器配置，接入两座 220kV 变电站时可以选择典型接线方式，并描述满足"$N-1$"下运行方式的变化。

4. 简述在新兴工业城镇开发区内如何利用电缆双环接线方式过渡与变化在安全经济前提下，实现配电网更为有效的覆盖以及用户更为便捷的接入。

5. 简述中压架空复杂联络如何进行有效的结构优化。

5 美丽乡村区域网架结构选择与案例

美丽乡村区域一般为农村地区，美丽乡村建设是指十六届五中全会提出的建设社会主义新农村的重大历史任务时提出的"生产发展、生活宽裕、乡风文明、村容整洁、管理民主"等具体要求，在供电区定位中为 C 类或 D 类供电区，远期负荷密度在 6MW/km^2 以下，美丽乡村地区中压配电网一般以架空网络为主，有环境协调需求地区采用电缆供电。

本节选取 HU、J、QU、B 市等地美丽乡村和特色小镇为样本，分析在新形势下配电网接线方式如何适应美丽乡村建设发展需求，中压配电网结构如何有效向目标网架过渡，以及接线方式选择如何与地区实际需求相适应，有效推进网架过渡。

5.1 目标网架结构选择与分析

5.1.1 区域类型特征

满足美丽乡村建设发展需求，根据 DL/T 5729—2016《配电网规划设计技术导则》的要求，C、D 类供电区用户年平均停电时间分别不超过 9h 和 15h，综合电压合格率分别达到 99.7% 和 99.3%以上。结合国内主要城市美丽乡村配电网建设发展情况，其配电网应满足以下建设发展目标，如表 5 - 1 所示。

表 5 - 1　　　　　　　　　美丽乡村配电网建设发展目标

供电区域		C	D
高压配电网		应满足主变压器 $N-1$	宜满足主变压器 $N-1$
中压配电网		宜满足线路 $N-1$	可满足线路 $N-1$
供电安全水平	0~2MW 负荷组	故障修复后恢复供电	
	2~12MW 负荷组	5min 内非故障段恢复供电	15min 内非故障段恢复供电
	12~180MW 负荷组	15min 内恢复供电	

供电区域	C	D
户均停电时间	＜5min	＜52min
供电半径	＜5km	＜15km

5.1.2 高压配电网目标网架结构选择

美丽乡村区域属 C、D 类供电区，平均负荷密度不高，220kV 及以上供电电源布局分散，高压电网接线方式选择主要考虑适应性与建设经济性，具备实现双侧电源供电情况下采用双链或单链方式，送电源较为单一情况下采用环式或辐射式接线，变电站建设型式以半户内、全户外为主。110～35kV 电网目标电网结构推荐如表 5-2 所示。

表 5-2　　　　　　110～35kV 电网目标电网结构推荐表

电压等级（kV）	供电区域类型	链式			环网		辐射	
		三链	双链	单链	双环网	单环网	双辐射	单辐射
110、66	C 类		√	√	√	√	√	
	D 类					√	√	√
35	C 类		√	√		√	√	
	D 类					√	√	√

110kV 电网接线模式可选择表 2-3 中的模式八、模式九、模式十和模式十一；66kV 电网接线模式选择表 2-4 中模式二；35kV 电网接线模式选择表 2-5 中模式一。

110、66、35kV 变电站最终规模选择需要综合考虑区域负荷密度、空间资源条件，以及上下级电网的协调和整体经济性等因素，变电站最终规模配置情况如表 5-3 所示。

表 5-3　　　　　　不同电压等级变电站最终容量配置推荐表

电压等级（kV）	供电区域类型	台数（台）	单台容量（MVA）
110	C 类	2～3	50、40、31.5
	D 类	2～3	40、31.5、20
66	C 类	2～3	40、31.5、20
	D 类	2～3	20、10、6.3

电压等级（kV）	供电区域类型	台数（台）	单台容量（MVA）
35	C 类	2～3	20、10、6.3
	D 类	1～3	10、6.3、3.15

注 1. 上表中的主变压器低压侧为 10kV。

2. 对于负荷确定的供电区域，可适当采用小容量变压器。

110、66、35kV 线路导线截面选用应以安全电流裕度为主，并用经济载荷范围、机械强度以及事故情况下的发热条件进行校验，应综合饱和负荷状况、线路全寿命周期统筹考虑，同时需要与电网结构、变压器容量和台数相匹配。新建 110、66kV 架空线路截面一般不小于 150mm²，新建 35kV 架空线路截面一般不小于 120mm²。

5.1.3 中压配电网目标网架结构选择

目前，乡镇中压配电网以架空网络为主，随着国家城乡一体化进程的提速，美丽乡村、特色小镇等一系列建设理念的提出，出于环境协调、空间资源有效利用等需求，电缆网络在局部地区也逐步开始发展。

从乡镇区域供电可靠性需求、负荷密度发展水平以及电源布局发展情况看，架空网接线方式主要采用架空多分段单联络与多分段适度联络两种方式，局部区域可以采用多分段单辐射方式；中压电缆网络一般选用电缆单环式。

5.2　高压配电网结构选择案例

农村地区平均负荷密度较低，一般县城区、中心城镇平均负荷密度在 3～6MW/km² 之间，其他地区多在 1MW/km² 以下，负荷密度极不均衡。35～110kV 变电站多为单侧电源供电，接线方式以辐射式和环式居多，部分经济较为发达地区链式接线占比相对较高，本次选择 HU 市 AJ 县、QU 市 JS 市、XA 市 YL 区等地高压电网作为样本案例。

5.2.1 案例一：HU 市 AJ 县

AJ 县地处浙江西北部，全县总面积 1886km²，常住人口 46 万，生态环境优美，以生态旅游、茶叶、竹制品闻名全国，是中国美丽乡村国家级标准化示范县，"两山"理论的发源地。2016 年 GDP 为 303.35 亿元，人均 GDP

达到 6.5 万元。

目前，AJ 县电网电压等级序列为 220/110/35/10/0.38kV，高压配电网主要为 110kV 和 35kV 两个电压等级，其中 110kV 电网主要为中部县城区和北部工业区供电，35kV 电网主要为南部山区供电。

2016 年 AJ 县全社会用电量为 24.77 亿 kWh，全社会最大负荷 501MW，目前吉安辖区范围内划分为 B、C、D 三类供电区域，B 类供电区主要为县城区，平均负荷密度在 6MW/km^2 左右，北部工业开发区内平均负荷密度在 6~8MW/km^2 之间，南部山区平均负荷密度在 1MW/km^2 以内。

1. 现状接线方式

目前，在中部县城区和北部两个工业功能组团内形成以 220kV 变电站为送电电源，110kV 为主干网架的电网结构，35kV 电压等级为用户专用变适用，110kV 电网主要采用单侧电源双辐射接线方式居多，中部和北部两座 220kV 变电站之间的 110kV 电网目前逐步向双侧电源链式接线过渡，110kV 变电站多采用 T 接方式接入。

AJ 县南部以山区为主，主要产业为旅游业、茶叶生产和竹制品加工，区内现有 110kV 变电站均为 3 圈变压器，除承担变电站周边中压配电网供电任务外，还作为南部地区多座 35kV 变电站的供电电源，110kV 电网接线方式采用单侧电源双辐射方式，35kV 电网接线采用辐射式和环式。现状 110、35kV 电网典型接线方式如图 5-1 所示。

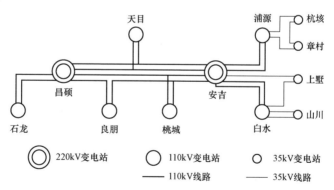

图 5-1　AJ 县 110、35kV 电网接线方式示意图

目前，AJ 县 110kV 变电站远景规模大多按照三台主变压器设计，现状单台主变压器容量为 31.5、40MVA 和 50MVA 三种类型；变电站 110kV 侧内桥接线，10kV 侧采用单母线四分段接线或六分段环式接线，110/10kV 单主变压器配置 10kV 出线 10~12 条，110/35/10kV 单台主变压器一般配置 10kV 出线 7 条；35kV

主变压器容量以 6.3、8MVA 为主，单台主变压器 10kV 出线一般为 4 条。

目前，AJ 县 110kV 架空线路截面为 185mm² 和 150mm² 两种，35kV 架空线路截面以 150mm² 和 240mm² 为主。

2. 高压配电网目标网架接线方式

AJ 县 110kV 电网目标网架接线方式以双侧电源链式接线为主，南部地区采用单侧电源双辐射方式，典型接线方式如图 5-2 所示，由 2 座 220kV 变电站作为电源，采用 T、π 混合方式接入 2 座 110kV 变电站，形成四线两站六变方式，变电站主接线采用内桥加线变组接线方式。南部地区 110kV 变电站最终规模多为两台主变压器，由 220kV 变电站双回路直接供电。

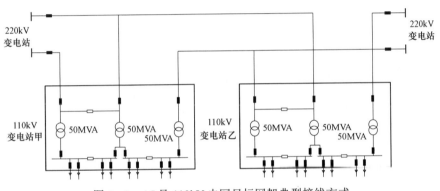

图 5-2　AJ 县 110kV 电网目标网架典型接线方式

未来 AJ 县南部局部地区仍保留 35kV 电压等级供电，随着部分 35kV 变电站升压为 110kV 变电站，目标年 AJ 35kV 变电站均采用单侧电源双辐射方式供电，供电电源由 110kV 变电站改接到 220kV 变电站。

5.2.2　案例二：QU 市 JS 市

JS 市地处浙江西南部，市域总面积 2019.03km²，全市人口约 64 万，JS 市是浙江省老工业基地，以机电、木业加工、电光源、消防器材四大主导产业和建材、化工两个传统产业为主导，2016 年全市生产总值为 277.3 亿元。

目前，JS 市电网电压等级序列为 220/110/35/10/0.38kV，高压配电网主要为 110kV 和 35kV 两个电压等级，其中 110kV 电网主要为中部城区和工业园区供电，其他地区由 35kV 电网供电。2016 年，JS 市全社会用电量为 21.92 亿 kWh，全社会最大负荷 406.6MW，目前江山辖区范围内划分为 B、C、D 三类供电区域。

1. 现状接线方式

JS 市地形特点是江山港由南向北穿流而过，城区及主要经济开发区集中在市域中北部河谷地带，其余地区均为山区，中部河谷地带电压等级序列为 220/110/10kV，其他地区为 220/110/35/10kV。

目前，JS 110kV 电网接线方式分为两种类型，城区内 110kV 变电站均由两座 220kV 变电站直供，形成单链接线方式，作为城区中压配电网主供电源，其他地区 110kV 变电站均为单侧电源双辐射接线方式，除为周边中压配电网供电外，还作为区域电源点为 35kV 变电站的供电。JS 110kV 电网典型接线如图 5-3 所示。

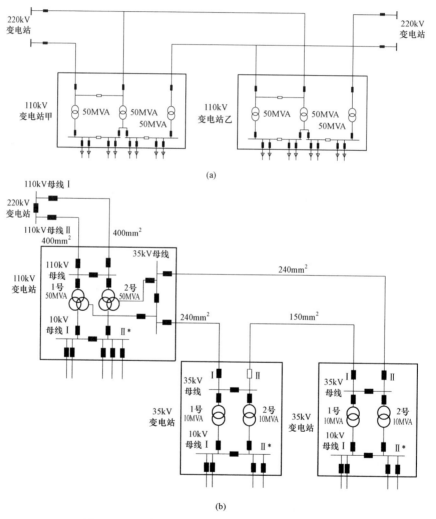

图 5-3　JS 市 110kV 电网目标网架典型接线方式

（a）双侧电源链式接线；（b）单侧电源双辐射接线

JS 35kV 电网接线方式有单链、单环两种形式，其中单链接线方式主要位于城区周边乡镇，一侧电源来自于 220kV 变电站，另一侧来自于市域边缘的 110kV 变电站；单环接线主要位于市域边缘地区，上级电源主要为 110kV 变电站，一个环内串接两座 35kV 变电站。JS 110、35kV 电网典型接线方式如图 5－4 所示。

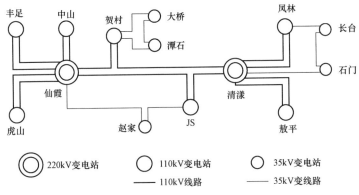

图 5－4　JS 市 110、35kV 电网典型接线示意图

JS 市 110kV 变电站远景规模大多按照三台主变设计，现状单台主变压器容量为 40MVA 和 50MVA 两种类型；变电站 110kV 侧内桥接线，10kV 侧采用单母线四分段接线或六分段环式接线，110/10kV 单主变压器配置 10kV 出线 10～12 条，110/35/10kV 单台主变压器一般配置 10kV 出线 7 条；35kV 主变压器容量以 10MVA 为主，10kV 出线一般为 4 条。

目前 AJ 县 110kV 架空线路截面为 185mm² 和 150mm² 两种，35kV 架空线路截面以 240mm² 为主，存有部分 150、120mm² 导线。

2. 高压配电网目标网架接线方式

JS 市 110kV 电网目标网架接线方式有双侧电源双回链式接线和单侧电源双辐射两种方式构成，典型接线方式如图 5－3 所示，其中：双侧电源双回链式接线由 2 座 220kV 变电站作为电源，采用 T、π 混合方式接入 2 座 110kV 变电站，形成四线两站六变方式，变电站主接线采用内桥加线变组接线方式，主要应用于市域中部河谷地带，满足城区供电可靠性需求，其他地区仍保留现状单侧电源双辐射接线。

未来 JS 市地区仍保留 35kV 电压等级供电，接线方式与目前相似，城区周边乡镇地区采用单链接线，市域南部、北部边缘乡镇采用环式接线方式，供电电源来自区域主供的 110kV 变电站。

5.2.3 案例三：B市

B市位于 JL 省东南部自然风景秀丽的长白山西侧，幅员 17 485km²。B市辖 2 个市辖区、2 个县、1 个自治县，代管 1 个县级市。B市素有"立体资源宝库"、"长白林海"、"人参之乡"的美称。全市有林地面积 14 761km²，境内森林覆盖率达 83%。

B市电压等级序列为 500/220/66/10/0.38kV，高压配电网主要为 66kV，其辖区范围内划分为 C、D 两类供电区域。

1. 现状接线方式

B市 66kV 电网接线方式以链式接线和辐射式接线为主，存有少量环式接线，其中链式接线占比为 44.44%，辐射式接线占比为 53.70%，剩余 1.86% 为环式接线。

2. 高压配电网目标网架接线方式

B市 66kV 变电站远期规模按照 2～3 台主变压器设计，现状单台主变压器容量以 40MVA 和 31.5MVA 为主，部分 D 类供电区根据地区实际需求采用 20MVA 主变压器；变电站 66kV 侧内桥接线，10kV 侧采用单母线两分段或四分段接线，单主变压器配置 10kV 出线 8～10 条。B市 66kV 架空线路截面为 185mm² 和 150mm² 两种。

B市 66kV 电网目标网架接线方式选择根据地区实际需求开展，市区以双链接线方式为主，变电站接入方式为 T、π 混合方式，其他地区以双辐射方式为主，局部地区根据地区实际情况选用单辐射方式。变电站主接线采用内桥加线变组接线方式。

5.3 中压配电网结构选择案例

5.3.1 案例一：N市 XK 镇

1. 区域简介

XK 镇地处长三角南翼，总面积 380.6km²，拥有蒋氏故里、雪窦山景区、岩头古村落多个景区，是华东黄金旅游干线上重要节点，被列入浙江省第一批美丽乡村示范区。目前溪口由一座 110kV 变电站和一座 35kV 变电站供电，10kV 公用线路约 21 条。2016 年 XK 镇区域最大负荷为 80.6MW，核心区平均负荷密度为 7.10MW/km²。

2. 10kV 电网现状接线方式

XK 镇中压配电网以架空网络为主，镇区、景区等有景观协调地区采用电缆网络供电，接线方式以多分段单联络和多分段适度联络两种方式为主，大部分线路为架空电缆混合接线。典型接线方式如下。

（1）架空多分段单联络（图 5-5）。

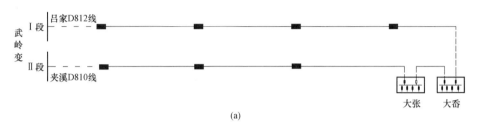

(a)

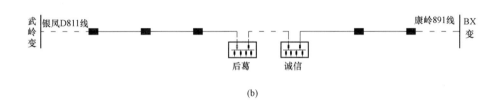

(b)

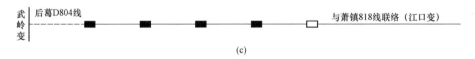

(c)

图 5-5　奉化 XK 镇多分段单联络接线方式示意图

（a）同站联络、架空电缆混合；（b）站间联络、架空电缆混合；（c）站间联络、架空网

装备配置：架空主干线路一般采用 JKLYJ-240 和 LGJ-185 导线，电缆主干线采用 YJV$_{22}$-3×300 导线，环网室采用单母线方式，两进四出，进线采用负荷开关柜，出线采用断路器柜或负荷开关柜，环网室在位置选取考虑镇区与景区需要，采用户内形式，外观与周边环境做协调处理。

规模与结构：由两条 10kV 线路构成，10kV 线路来自不同变电站或同一变电站不同母线，单条线路分段数在 3~5 段之间（环网室作为一段）。目前，单联络接线中单条线路挂接配变容量平均值在 9.7MVA 左右。

运行水平控制：正常运行方式下线路负载率不超过 50%，线路最大电流不超过 300A，现状运行过程中，单联络线路平均负载率在 42% 左右。

自动化水平：柱上开关装设故障指示器，环网室进线实现"三遥"功能，出线实现"二遥"功能。

分布情况：多分段单联络接线（架空电缆混合网络）主要为镇区及其周边地区供电，该类接线目前占比约53%左右。

（2）多分段适度联络（图5-6）。

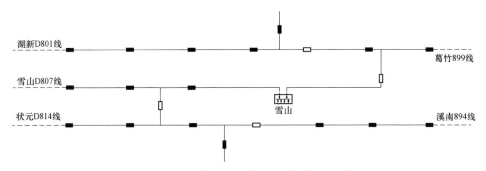

图5-6　多分段适度联络典型接线示意图

装备配置：架空多分段适度联络接线主干线采用截面为185mm²以上导线，部分经过有需要环境协调要求地区的线路采用电缆线路。目前，主干线路选用截面为300mm²导线，其间串入的环网室一般为单母线接线，两进四出，进线采用负荷开关柜，出线采用断路器柜或负荷开关柜。

网架结构：对于单条线路来说，目前XK镇采用多分段适度联络接线联络点为两个或三个，至少一个为站间联络，线路分段数量在两段至四段之间。

使用区域：该类接线主要分布在镇区以外的农村地区和山区，联络点并不是在主干线路末端，多是与用户布局有关，在主干线路中段或前段形成。

3. 中压配电网接线过渡

XK镇中压配电网目标网架选择架空多分段单联络和多分段适度联络两种接线，对于电网结构优化根据接线方式不同采取不同的技术路线。

（1）对于现有单联络接线方式：首先，以实现站间联络为目标进行供电电源优化；其次，合理优化线路分段数量与分段容量配置，单条线路分段数控制在4个左右，每段容量控制在3MVA以内；第三，梳理大容量分支线路，通过优化主干线路走向，合理设置一级分支接入点等手段将分支线路容量控制在2MVA以内。

（2）对于现有多分段适度联络接线方式：首先，规范线路联络点数量，在保有一个站间联络的基础上，控制单条线路总联络点数量不超过3个；其次，优化联络点设置位置，考虑供电可靠性需求，尽可能在行政办公场所、学校、村镇医院或卫生所以等可靠性需求相对较高用户所在线路段实现联络；第三，控制多分段适度联络线路规模,避免单条线路结构与联络点满足要求,但整体上大量线路相互形成联络,将供电区域相邻、相互联络关联度较大的线路作为一个接线组看待,接线组线路数量不超过 6 条,接线组间不再形成联络,已有联络进行合理优化。

按照上述优化原则提出网架优化改造方案,典型案例如下:

(1) 优化复杂接线。从图 5-7~图 5-9 可以看出,目前 XK 镇区域内网架结构较为复杂,单条线路联络点较多。结合 110kV XK 变的投运,新出线路优化网架结构,形成 110kV XK 变—110kV 武岭变、110kV XK 变—35kV BX 变之间的架空多分段单联络的接线模式。

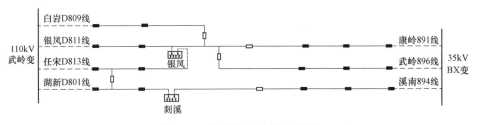

图 5-7　现状复杂接线示意图

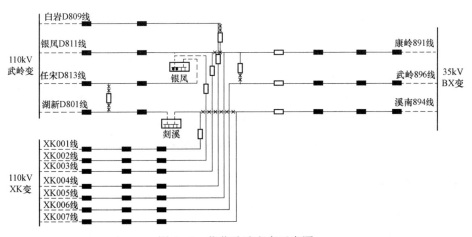

图 5-8　优化改造方案示意图

(2) 加强站间联络。从图 5-10~图 5-12 可以看出,目前其接线模式为单一电源不同母线的架空多分段单联络的接线模式,其供电可靠性较差,在电源点失电的情况下,无法进行负荷转移。结合 110kV 王淑变的投运,实现站间联络,优化供电电源,提高供电可靠性。

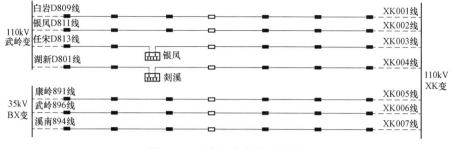

图 5-9 目标网架接线示意图

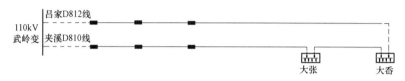

图 5-10 现状同站联络接线示意图

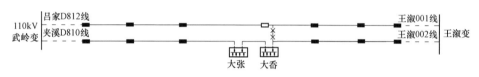

图 5-11 优化改造方案示意图

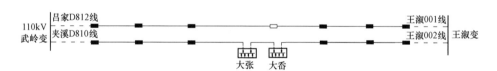

图 5-12 目标网架接线示意图

5.3.2 案例二：J 市 YG 镇

1. 区域简介

YG 镇隶属浙江省 J 市，是中国历史文化名镇，是百里钱塘的四大核心景区之一，拥有历史悠久的文化古城和闻名遐迩的观潮胜地，YG 镇总面积为 56.02km^2。目前 YG 镇境内建有一座 110kV 变电站供电，境内中压线路 12 条。2015 年最大负荷为 38MW，镇区（景区）平均负荷密度 6.3MW/km^2。

2. 10kV 电网现状接线方式与选取

YG 镇区（景区）内中压配电网为电缆网络，其他区域为架空网络，接线方式为架空多分段单联络和电缆单环网两种方式。典型接线方式如图 5-13 所示。

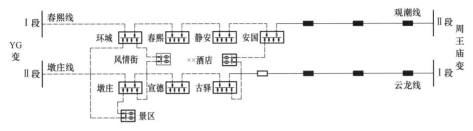

图 5-13　YG 镇区（景区）电缆单环网典型接线方式示意图

规模与结构：YG 镇区（景区）内由电缆网供电，主供电源来自 110kV YG 变，备供电源来自 110kV 周王庙变，采用电缆单环网接线方式对端联络线路为架空线路；春熙线、墩庄线挂接配变容量分别为 8.3MVA 和 7.9MVA，环网节点建设形式为户内方式，区域内如风情街、景区（观潮公园）以及部分民宿酒店有双电源供电需求，用户双电源分别取自不同单环内的环网室。

装备配置：电缆主干线采用 $YJV_{22}-3×300$ 导线，环网室采用单母线方式，两进四出，进线采用负荷开关柜，出线采用断路器柜或负荷开关柜。

运行水平控制：正常运行方式下线路负载率不超过 50%，线路最大电流不超过 300A，现状运行过程中，单环网线路平均负载率在 32% 左右。

自动化水平：环网室进线实现"三遥"功能，出线实现"二遥"功能。

建设特点：

（1）设施建设与古镇风貌协调。

YG 镇景区为整体性开发打造明清风貌的历史古镇，景区内电力设施要求与古镇风貌相协调，供电线路采用电缆供电方式，主干道采用电缆排管方式，支线道路采用电缆沟形式，沟道内采用设支架+排管方式进行敷设，其他道路采用直埋方式，电缆盖板采用与街道相同的青石板。

环网设施采用户内室，内部空间结构按照典型设计建造，外观有景区统一建设。

（2）接线方式选择。

YG 镇景区内有多个用户需要双路电源供电，双电源供电用户密度较高，电网建设初期在双环式与单环式之间进行了系统比选，其中双环方案为沿古镇内主干道（春熙路、人民路）向北与周王庙变线路形成联络，道路沿线设置双环节点四处；单环方案为沿古镇内东西向道路（春熙路、宣德路）建设两个环网，设置单环节点七处；此外 YG 变还有四条线路通过古镇，随主干线路同路径建设。示意图如图 5-14 所示。

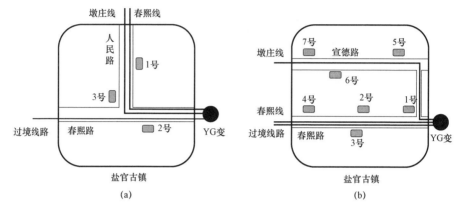

图 5-14 不同供电方案示意图

（a）双环方案；（b）单环方案

对于方案比选主要从建设规模、可靠性、空间承载能力三个方面开展，对比结果如表 5-4 所示。

表 5-4 方 案 比 选 结 果

序号	对比内容		单位	双环方案	单环方案
1	建设规模	主干线路长度	km	1.7	2.5
2		环网站点数量	座	3	7
3		电缆排管长度	km	1.5（春熙路 4×3） 0.9（人民路 3×3）	1.5（春熙路 3×3）
4		电缆沟长度	km	7.8	8.8
5	可靠性	线路 N-1		满足	满足
6		用户双电源接入		满足	满足
7	空间承载能力	主干道路空间承载力		人民路沿线排管较为困难	可以满足
8		支线道路空间承载能力		基本能满足，环网室出口段较为紧张	可以满足
9		环网站点空间承载能力		单座环网节点占地面积在 60m² 以上，空间预留与环境协调较为困难	单座环网节点占地面积在 30m² 左右，可以结合地块开发预留

从建设规模上看，在主干线路长度、环网节点数量上双环方案总体建设规模小于单环方案；主干电缆排管建设方面，双环方案春熙路沿线满足主干线路、过境线路、2、3号环网室出线，需要12孔排管（4×3布置），人民路满足主干线路、1、3号环网室进出线需要8孔排管（2×4布置）；单环方案春熙路沿线排管需求为9孔（3×3布置），宣德路采用管沟方式（4孔）即可满足，双环方案电缆规模大于单环方案，支线道路电缆沟建设单环方案略大于双环方案。

从可靠性上看，两方案无明显差异，均可满足线路 $N-1$ 与用户双电源接入需求。

从主干道路空间承载能力上看，YG古镇道路较为狭窄，春熙路道路为16m宽，两侧人行道在2～3m间，实际勘测结果只能放置单排3孔的排管，因此两方案分别选择4×3和3×3排管，人民路道路宽度12m，电缆排管设置与燃气、供水等管线有所冲突，断面空间布置较为困难。

充支线道路空间承载能力上看，采用沟道敷设方式（内部为支架+排管模式）基本上可以满足两个方案环网节点至用户配电室的线路通行需求，但双环方式环网节点出线为8条，3号站考虑为10条，环网节点出口段需要采用排管方式满足送出，施工与建设规模大于单环方式，此外单环节点数量多更容易接近负荷中心，环网室出线至用户配电室较为方便。

从环网站点空间资源承载能力看，古镇建筑空间布局基本沿用YG镇旧城格局，相国寺、城隍庙、私人园林以及名人故居等保护性建筑散布与整个镇区内，加之主要道路沿线商铺密集，可利用的空间资源少且分布较为零散，双环节点按照典型设计需要面积在60m²以上单体建筑，沿主要干道较为困难，如果深入到小巷中，进出线不便，无法实施，此外环境协调也比较困难；单环节点建筑面积在30m²左右，虽然站点数量需求较多，但比较好选取。

在多维度的比选结果下，综合考虑后YG镇景区配电网选取单环方接线方式进行建设。

通过上述例子可以看出，中压配电网接线方式选择应因地制宜，虽然总体上看双环接线对双电源接入密度地区适应性明显高于单环接线，但实际规划设计过程中不能一味的遵循既定原则，需要多角度考虑问题，从适应性可操作性出发看问题进行最后选定，避免后续电网实际建设过程中产生反复。

YG镇架空多分段单联络接线方式与前文所介绍的案例基本一致，无明显特殊性，本节不再重复。

1. 简述美丽乡村区域特点，分析其配电网建设发展中面临的主要问题。

2. 简述美丽乡村区域高压配电网可以选用的典型接线方式及设备配置，分析现状高压配电网接线方式向目标接线过渡主要技术路线。

3. 简述美丽乡村区域中压配电网现状主要接线方式以及其设备配置情况。

4. 简述美丽乡村区域中压配电网接线方式选择时需要考虑的主要原则，不同接线方式选取对比时考虑的分析条件。

5. 简述架空多分段适度联络在美丽乡村区域使用时其过渡过程需要遵循的主要原则。

6 农牧区域网架结构选择与案例

6.1 地区电网现状特点

6.1.1 农牧区负荷与用电特点

农牧区电网属于 E 类供电区，平均负荷密度在 0.1MW/km² 以内，负荷分布极不均衡，由大范围的无电地区和零星聚集区构成，季节用电负荷变化比较大，尤其是在区牧民转场时期，出现用电高峰；近年来随着牧区经济的发展家用电器得到普及，用电负荷也有所增长，用户对提升电能质量需求明显增加。

6.1.2 农牧区电网特点

农牧区电源一般来自 110、66kV 和 35kV 变电站，110kV 变电站多为三圈变压器，单台主变压器容量多为 10、20、31.5MVA，除为周边地区中压配电网供电外，还为周边 35kV 变电站提供电源；66kV 变电站单台主变压器容量多在 20MVA 以内；35kV 变电站单台主变压器容量有 10、6.3、3.15、2MVA 等多种形式。

高压电网结构一般以单侧电源辐射方式为主，其中单辐射形式居多；高压线路截面多为 95、120、150mm²，部分末端变电站进线为 70mm²。中压配电网一般以辐射线路为主，主干线截面多选择 120、95、70mm² 导线。

近年来为满足农牧区居民用电水平的提升，在部分 10kV 电网尚未覆盖区域或受末端电能质量要求无法延伸区域，采用 35kV 配电化供电模式，将 35kV 线路延伸至负荷中心，采用 35/0.38kV 配电变压器供电的配电台区，简化变电层级，有效降低线路损耗，提升供电能力，单台 35/0.38kV 配变容量有 150、315、630kVA 等，建设形式有柱上变压器、箱式变压器等。

6.1.3 农牧区电网面临的主要问题

配电网有效供电覆盖范围有限，随着家用电器普及带来的负荷增长，使不少地区产生配电网供电能力不足问题；由于聚居点分散度大、聚居点内用电负荷集中的区域特点，导致 10kV 线路供电距离过长，负荷分布不均衡，线路末端电能质量较差的问题普遍存在。

在经济高效的原则指导下，有效提升配电网供电能力，采用 35kV 配电化、长距离中压线路针对性加装补偿装置或采用合理补偿手段，提升线路末端电能质量，有条件情况下适度提高线路联络水平，是今后农牧区配电网建设发展的主要方向。

6.2 农牧区配电网典型供电模式选择

6.2.1 主要技术指标

负荷密度小于 $0.1MW/km^2$；供电可靠率、停电时间、综合电压合格率不低于向社会承诺的指标；

电压等级系列采用 330/110/35/10kV、330/110/35kV（35kV 配电化）或 220/66/10kV。

供电区域主要为农牧区农牧民聚集区，用户以居民用户为主，存有少量旅游业用户。

6.2.2 农牧区配电网典型供电模式

高压电网结构主要采用单侧电源辐射式供电模式，110kV 变电站一般由 330kV 变电站出线，以单侧电源双辐射方式接入，35kV 变电站由 110kV 变电站供电，供电方式采用单辐射或双辐射方式；66kV 变电站由 220kV 变电站供电，接线方式采用双辐射方式。

中压配电网以单辐射方式为主，有条件地区形成环网供电，线路分段数量在 3 段至 5 段之间，分段原则考虑结合人员检修维护方便的原则与供电长度设置线路分段，同时考虑单个生活区单独分段，在《青海典型供电模式》中 10kV 线路供电半径最大不超过 40km。

农牧区配电网典型接线方式如图 6-1 所示。

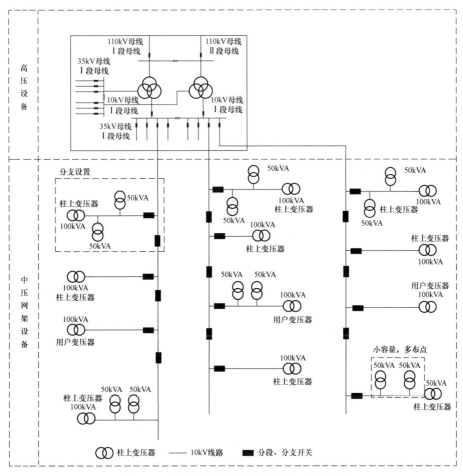

图6-1 农牧区配电网典型接线方式示意图

6.2.3 35kV 配电化区域典型供电模式

35kV 配电化是根据偏远地区经济发展水平、用电需求、负荷特性、负荷密度、资源状况、居民生活习惯和地理环境等因素而提出的新型电网建设模式，对于 10kV 电网无法有效延伸的供电区域，采用 35/0.38kV 配电变压器，将 35kV 线路引入负荷中心，有效解决供电能力不足、末端电能质量不高的问题，是对常规 35kV 电网建设的继承与创新。

根据《配电网典型供电模式》要求，当满足负荷距离超过 40MW·km，10kV 电网尚未覆盖，且已超过 10kV 线路延伸范围，负荷点在 35kV 电源点的合理供电范围内，0.38kV 供电半径在 1.5km 以内的地区可以采用 35kV 配电化线路供电。

35kV 配电化线路为辐射方式，线路选择 95、120、150mm² 架空线路，典型供电模式有"35kV 配电化直配台区模式""35kV 配电化变电站模式"和"35kV 配电化混合供电模式"三种。

35kV 配电化直配台区模式适用区域为负荷沿 35kV 线路分布，负荷间距大且台区较少，负荷较轻。典型接线方式示意如图 6-2 所示。

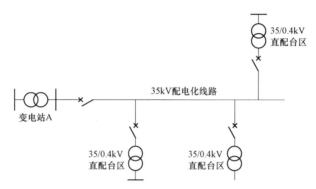

图 6-2　35kV 配电化直配台区模式接线方式示意图

35kV 配电化线路+35kV 配电化变电站模式适用区域为距电源点较远的片状区域内有较为分散负荷，其负荷一般呈辐射状，负荷间距大且台区相对较多。典型接线方式示意如图 6-3 所示。

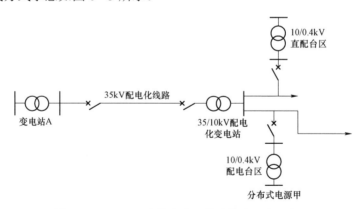

图 6-3　35kV 配电化变电站模式接线方式示意图

35kV 配电化混合供电模式适用区域为部分负荷在 35kV 线路沿线供电区域，由 35kV 线路经分段开关 T 接或直配台区供电，线路末端负荷较为分散的地区由 35/10kV 配电化变电站供电，该方式适应性最为广泛，整体具有较好的经济性。典型接线方式示意如图 6-4 所示。

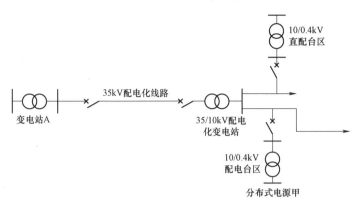

图6-4 35kV配电化混合供电模式接线方式示意图

6.3 农牧区配电网接线方式选择案例

6.3.1 地区基本情况

本次农牧区配电网接线方式选择选取 XI 省 NQ 地区 E 类供电区为样本，NQ 地区地处青藏高原中部、XI 省北部，总面积 42.32 万 km²，辖 11 个县，总人口 46.96 万人。

NQ 地区供电分区为 C、D、E 三类，其中 E 类供电区面积为 66.89km²（扣除无效供电面积后），占全地区总供电面积的 50%，最大负荷约 4.05MW，占全地区的 8.95%。

6.3.2 配电网接线方式选择

NQ 地区电压等级序列为 110/35/10/0.38kV，110kV 变电站为区域供电电源点，一方面承担为周边 10kV 中压配电网供电需求；另一方面为区域内 35kV 变电站供电；目前 E 类地区内无 110kV 变电站，35kV 电网承担着为区域内大部分地区的任务。

农牧区用户用电需求水平较低，流动性大，对供电可靠性要求不高，加之区域自然地理环境、电网建设综合投入等多方面因素影响，目前 NQ 地区 E 类供电区高压配电网以辐射＋T 接方式为主，110kV 变电站出线为 35kV 变电站供电，沿线区域的 35kV 变电站采用 T 接方式接入该线路，35kV 线路较长，一般在 30km 以上，典型接线方式如图 6-5 所示。

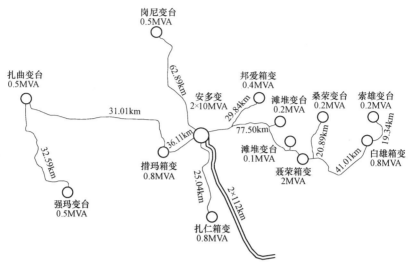

图 6−5　NQ 地区 E 类地区高压电网典型接线方式

由于用户分散度大、用电需求低、连片无人区存在，使农牧区高压电源布点采用小容量、多布点的方式，目前 E 类供电区内 35kV 主变压器容量多在 1MVA 以内，一般为单台配置，建设形式采用箱变或全户外方式。

对于农牧区高压目标接线方式的选择，在现有电网基础上予以适度完善，一方面随着负荷发展与高压电源布局完善，有条件情况下由单辐射接线向单链接线转变，另一方面局部地区根据可靠性与运行灵活性需求由单辐射向单环方式转变。

农牧区中压主干线截面由 70、95、120mm^2 和 240mm^2 构成，以 70mm^2 和 95mm^2 导线为主，绝缘化、电缆化程度较低，中压线路平均供电半径接近 15km。中压配电网接线方式选择，一般仍采用辐射式接线，以满足基本用电需求。

6.3.3　35kV 配电化案例简介

为贯彻落实国际能源局和国家电网有限公司全面解决无电地区通电问题，克服中低压配电网供电半径过长、压降及线路损耗较大的问题，国家电网公司出台了"35kV 配电化建设模式"，旨在优化配电网电压等级序列、提升电网输送距离与承载能力。

XJ 省 A 县 QL 乡以畜牧业为主，村民分散居住于山区内，在 35kV 配电化建设实施之前，该区域属于无电地区，从 2012 年开始进行 35kV 配电化建设工程，由 A 县 110kV 变电站新出 35kV 轻型化线路一条，长度为 39km，沿线结合农牧民聚居区域设置 4 座 35/0.38kV 直配台区，在线路末端建设 35kV 全户外变电站一座，新出 10kV 线路 3 条，最长供电距离为 10.1km，接线方式如图 6-6 所示。

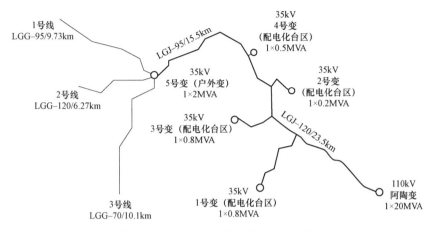

图 6-6   35kV 配电化建设方案示意图

新建 35kV 线路导线截面选择 120mm^2 和 95mm^2，35kV 变电站采用主变压器形式，主变压器容量在 0.2～0.8MVA 之间，电压变比为 35/0.38kV，末端 35kV 变电站为单主变压器全户外变电站，主变压器容量 2MVA，电压变比为 35/10，建设形式为全户外形式，配套送出 10kV 线路 3 条，采用 70、95mm^2 和 120mm^2 导线。

该项目实施后 35kV 最远供电距离接近 40km，中压线路最远供电距离约 10km，有效满足距离 A 近五十公里沿线用户供电需求。利用 35kV 配电化的方式使原有 10kV 电网无法延伸区域得到有效供电，同时末端电能质量也有明显改善，成功效消减了无电地区范围。

此外该类型区域沿线多为连片无人区，无施工道路，施工环境较差，人工与机械成本增加较多，工程造价与普通地区相比增幅在 30% 左右，同时由于接线方式采用辐射式可靠性不高，现有技术条件下远程化信息采集较为困难，采用人工运维维护周期较长，成本较高。

6.4   典型供电模式经济性分析

农牧区配电网供电典型供电模式可以分为两类，一类是中压配电网、电压等级为 10kV 的传统供电模式；另一类是采用 35kV 配电化的新型供电模式。两种供电模式在电网建设经济性上具体有何差距，本节将通过实例验证的方法予以说明。

6.4.1 样本区域及典型供电模式简介

本次样本地区选择负荷密度小于 0.1MW/km² 的 2 个农场，暂时命名为甲区和乙区，甲区、乙区两区相邻，总负荷为 2.34MW，目前由 1 座 110kV 变电站作为电源点，供电模式一选择 110/35/10/0.38kV 的传统供电模式和 110/35/0.38kV 的 35kV 配电化的新型模式。

6.4.2 传统供电模式供电方案及经济性分析

甲区、乙区由 1 座 110kV 变电站作为电源点，接入 2 座 35kV 变电站，分别形成单辐射结构。10kV 线路由 35kV 变电站不同母线、不同主变压器的 10kV 侧出线，分别馈出 1 回作为主干线路，形成辐射状结构。甲区、乙区在常规供电模式下电网结构如图 6—7 所示。

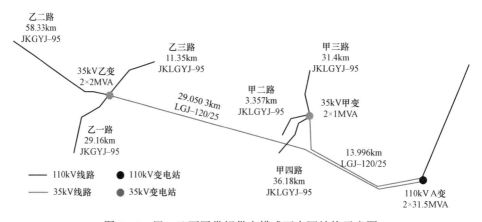

图 6—7　甲、乙两区常规供电模式下电网结构示意图

甲区、乙区总负荷为 2.34MW，规划甲乙两区各建设 35kV 变电站一座，主变压器容量分别为 2×1MVA 和 2×2MVA，35kV 线路选 120mm² 架空线。10kV 架空线路截面选择 95mm²，共计规划 6 条出线，每条线输送容量为 2898kVA，考虑配电变压器负载率为 65%，每回线路可挂接配电变压器容量 4458kVA。

单台配电变压器容量 50～630kVA，电容器补偿按配电变压器容量 10%～40%选择。考虑每回线路平均接入容量为 400kVA 的箱式变压器 6 座、容量为 100kVA 的柱上变压器 21 台，则甲区、乙区共接入容量为 400kVA 的箱式变压器 18 座、容量为 100kVA 的柱上变压器 63 台。35kV 变电站内 35kV 及 10kV

开关均为断路器，10kV 联络开关为断路器。甲区、乙区配电网建设投资见表 6-1。

表 6-1　　　　　　　　　传统供电模式电网建设投资汇总表

序号	项目	形式	电压等级（kV）	设备选型	造价（万元）
1	变电站	半户内	35	2×1MVA	1×1100
2		半户内	35	2×2MVA	1×1250
3	线路	架空线	35	120mm²	44×40
4	线路	架空线	10	95mm²	170×18
5	柱上变压器		10	100kVA	63×15
6	箱式变压器电站		10	400kVA	18×50
7	断路器		10		45×10
8	总投资				9465

由表 6-1 得出，甲区、乙区配电网建设静态总投资 9465 万元，地区总负荷 2.34MW，可计算出单位负荷投资为 4.04 万元。经潮流计算，虽然甲区、乙区 10kV 线路电压低于额定电压，但电压偏差在导则要求范围内。甲区、乙区潮流分布如图 6-8 所示。

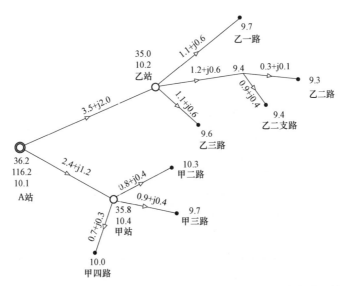

图 6-8　甲区、乙区在常规供电模式下 110kV 变电站供电潮流计算图

117

6.4.3　35kV配电化供电模式方案及经济性分析

　　甲区、乙区由1座110kV变电站作为电源点，将35kV线路延伸至负荷中心，采用35/0.38kV配电变压器供电的配电台区，简化变电层级，有效降低线路损耗，提升供电能力。甲区、乙区在35kV配电化供电模式下电网结构如图6-9所示。

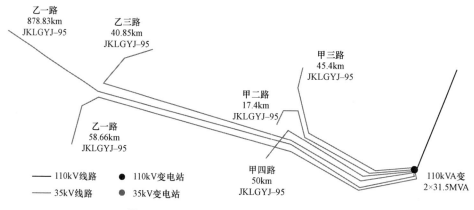

图6-9　35kV配电化供电模式结构示意图

　　正常运行方式下，35kV线路带甲区、乙区全部35/0.38kV配电变压器，甲区、乙区负荷为2.34MW（39A）。因此，35kV线路应选95mm²架空线（157A）。单台配电变压器容量100～630kVA，电容器补偿按配电变压器容量10%～40%选择。考虑配电变压器负载率为65%，甲区、乙区共接入容量为630kVA的柱上变压器3台、容量为315kVA的柱上变压器6台。35kV线路所有开关均为断路器。甲区、乙区配电网建设投资见表6-2。

表6-2　　　　　　　　　甲区、乙区配电网建设投资表

序号	项目	形式	电压等级（kV）	设备选型	造价（万元）
1	线路	架空线	35	95mm²	301×18
2	柱上变压器		35	630kVA	6×30
3	柱上变压器		35	315kVA	17×20
4	断路器		35		23×50
5	总投资				7088

　　由表6-2得出，甲区、乙区配电网建设静态总投资7088万元，地区负荷

2.34MW，单位负荷投资 3.03 万元。经潮流计算，甲区、乙区 35kV 线路电压合格。甲区、乙区潮流分布如图 6－10 所示。

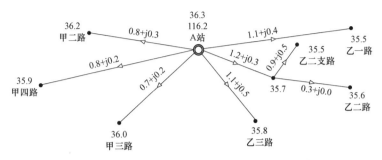

图 6－10　甲区、乙区在 35kV 配电化供电模式下潮流计算图

6.4.4　供电模式投资效益分析

甲区、乙区在常规供电模式下静态总投资为 9465 万元，单位负荷投资为 4.04 万元/千瓦；在 35kV 配电化供电模式下静态总投资为 7088 万元，单位负荷投资为 3.03 万元/千瓦。相比较，35kV 配电化供电模式投资少，单位负荷投资低。

通过对甲区、乙区 2 个典型区域 2 种供电模式进行比较分析，得出 35kV 配电化供电模式投资少，单位负荷投资低，较为经济，电压质量较好，解决了 10kV 线路供电距离过长导致的电压不足问题，提高了供电能力，并能满足农牧区用电需求，实现免维护或少维护。

▶ 习　题 ◀

1. 简述农牧区特点，分析其配电网建设发展中面临的主要问题。
2. 简述农区高压、中压配电网接线方式选择与设备配置情况。
3. 什么是建设 35kV 配电化，其特点、适用原则与主要优势有哪些？

7 配电网新技术展望及国外配电网网架

随着科技的快速发展，智能设备、分布式能源和多元化负荷的接入，配电网的构成正呈现前所未有的多样化发展态势。新技术、新需求需要配电网全面变革，网络结构从传统放射型转变为多端互联网络，并进一步向多层、多级、多环、多态复杂网络方向发展。

电力工业是当前工业界最后几个还未全面应用传感器技术、通信技术以及计算机技术来提升服务水平、降低运行费用的重要工业，尤其是配电网领域。未来配电网在新技术应用上还存在广阔的发展空间。尤其是不断增长的分布式电源、电动汽车等新型负荷，以及对电能质量和供电可靠性的高要求，配电网亟须引入若干新技术。

未来配电网将在各个变电站之间使用高速宽带通信系统，利用智能电子设备（Intelligent electronic devices，IEDs）进行自适应控制和保护，应用能量管理系统监测配电网的运行状况，并充分采用智能系统减少电能质量问题和提高供电可靠性。未来将有大量先进传感器、自动控制、信息通信、电力电子等新技术、新设备、新工艺在配电网领域应用，以提升智能化水平，有序推进配电通信网、配电自动化建设应用，充分满足新能源、分布式电源和多元化负荷的灵活接入要求。

在国内，针对交直流混合配电网的研究刚刚起步，目前相关研究成果主要集中在直流配电网方面，内容涉及直流配电网优化规划、运行调度、控制保护等。交直流混合配电网规划中，相比于传统交流配电网，由于加入了柔性直流装置和分布式源荷，需要综合考虑规划、运行过程，进行风险评估，模型方法及优化需要更多地转向关注电网安全风险控制。

另外，微电网作为一个新型电力系统，与传统的集中式能源系统相比，不需要建设大电网进行远距离高压输电，可以大大减少线损，节省输配电建设投资，兼具发电、供热、制冷等多种服务功能，可以有效地实现能源的阶梯利用，达到更高的能源综合利用效率，可与大电网集中供电相互补充，是综合利用现有资源和设备，为用户提供可靠和优质电能的理想方式。微电网技术顺应了我国大力促进可再生能源发电走可持续发展道路的要求，因此对其进行深入研究具有重要意义。

"十三五"期间，在新型城镇化发展的新形势下，面对"高质量、智能化"的需求，面对分布式发电、多元化用电负荷等冲击，配电网发展需要创新规划理念，选择合适的网架结构，夯实配电网网架基础，提升科技水平，与发电、输电协调发展，适应消纳大规模远方输电及分散电源的接入，与用电友好互动，具备坚强的电压支撑能力、较强的适应能力，实现"结构合理、技术先进、灵活可靠、经济高效"的现代配电网，实现高效、智能的电能配给，为中国经济和社会可持续发展提供强劲的推动力。

7.1 交 直 流 混 联 配 电 网

7.1.1 交直流混合配电网

目前，发用电技术的多样化发展需求，很大程度体现在直流电源与直流负荷的日益增加。在原有配电网结构中，接入相应等级的直流配电网，可以省去部分变流器，减小损耗，提高电网的供配电效率及经济性。交直流混合配电网中直流部分不存在同步问题，可以有效隔离交流侧扰动和故障，保证高可靠性供电。

目前国内外在交直流混合配电网领域的相关研究及示范工程尚在起步阶段，针对直流配电网的研究已有初步成果。在北美，弗吉尼亚理工大学 CPES 中心于 2007 年提出 "Sustainable Building Initiative（SBI）" 计划，于 2010 年将其发展为 "SBN（Sustainable Building and Nanogrids）"，并且提出了基于分层互联交直流子网混合结构概念性互联网络结构。北卡罗来纳州立大学于 2011 年提出 "The Future Renewable Electric Energy Delivery and Management（FREEDM）" 结构，适用于"即插即用"型分布式电源及分布式储能的交直流混合配电网结构。阿尔伯塔大学于 2012 年提出了基于变流器的交直流混合配电网结构，给出小信号分析模型并分析其稳定性。在欧洲，意大利罗马第二大学和英国诺丁汉大学于 2008 年针对交直流混合配电网提出 "Universal and Flexible Power Management（UNIFLEX – PM）" 方案，在各个电网的不同工况下实现能量的双向流动。罗马尼亚布加勒斯特理工大学于 2007 年提出含有替代电源的直流配电网结构，实验证明该结构提高了电网的运行效率和电能质量。意大利米兰理工大学提出含有分布式电源的本地直流配电网结构，实现分布式电源、负荷与电网之间能量的双向流动。

7.1.2　交直流混合配电网网架结构

交直流混合配电网网架结构对运行可靠性、灵活性、经济性等方面都有重要影响。传统交流配电网网架结构已经非常成熟，而目前针对交直流混合配电网网架结构的研究较少，主要研究工作集中在直流配电网网架结构设计。交直流混合配电网网架结构设计需要综合考虑现有交流配电网网架结构和直流配电网的研究成果，提出交直流混合配电网网架结构设计方案。

直流配电网网架结构主要有辐射型、两端供电型和环型直流配电网。① 辐射型直流配电网不同电压等级的直流母线组成骨干网络，分布式电源、交流负载与直流负载通过电力电子装置与直流母线相连，其结构简单，对控制保护要求低，但供电可靠性较低；② 两端供电型直流配电网与辐射型直流配电网相比，当一侧电源故障时，可以通过操作联络开关，使另一侧电源供电，实现负荷转供，整体供电可靠性较高；③ 环型直流配电网相比于两端供电型直流配电网，可实现故障快速定位、隔离，其运行方式与两端供电型直流配电网相似，供电可靠性更高。

根据不同的应用需求，交直流混合配电网可分为含柔性直流装置的交直流混合配电网与含直流网的交直流混合配电网，前者适用于直流源荷较少的情况，后者更适合高密度直流源荷接入的情况。含直流网的交直流混合配电网接线模式主要包括辐射型交直流混合配电网（交直流线路间无联络）、多分段适度联络型交直流混合配电网（交直流线路间有联络），两者的网络结构见图7-1、图7-2。

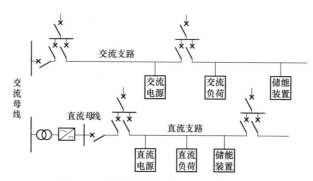

图7-1　辐射型交直流混合配电网结构

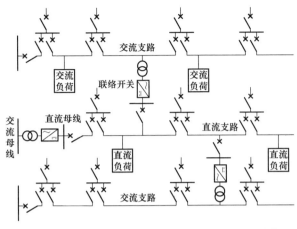

图7-2 多分段适度联络型交直流混合配电网结构

7.1.3 交直流混合配电网前景展望

在国内，针对交直流混合配电网的研究刚刚起步，目前相关研究成果主要集中在直流配电网方面。优化规划方面，已有对直流配电网的拓扑、电压等级、规划方法、可靠性、经济性和综合评估等问题的研究。运行调度方面，有学者对直流配电网的潮流计算、电压分布、含分布式电源的调度等问题进行了研究。控制保护方面，对直流配电网建模、控制策略、保护等问题均有相关研究。

交直流混合配电网规划中，相比于传统交流配电网，由于加入了柔性直流装置和分布式源荷，需要综合考虑规划、运行过程，进行风险评估。优化模型目标函数侧重点需要从成本更多地转向关注电网安全风险控制。另外，由于新能源的不确定性，规划模型及评估方案需要从传统的确定性模型转变为概率、随机性模型。

此外，在交直流混合配电网中，分布式电源和负荷功率均存在较大波动，将引起系统运行点的大范围变化，研究交直流混合配电网的鲁棒控制方法，从而在运行点转移时仍具有良好的控制能力，将为其运行带来很大的帮助。

7.2　分布式电源与多元化负荷

7.2.1　对配电网的影响

随着常规能源的日益短缺和环境污染的日益加重，能源危机已经成为全球关注的热点问题，人们迫切需要建立以清洁、可再生能源为主的能源结构逐渐取代污染严重、资源有限的化石能源为主的能源结构，以适应经济的可持续发展。太阳能、风能等作为无污染、永不衰竭的新能源，受到世界越来越多国家政府、企业和用户的普遍关注。

近年来，国家为鼓励清洁能源的利用和发展，连续出台了一系列的补贴政策支持其发展。低渗透率下，分布式电源并网对配电网基本不会产生影响；但高渗透率下，各种分布式电源出力的波动性会给配电网带来较大的影响。主要表现在如下几个方面：

（1）分布式电源接入配电网后，配电网由原先的单电源网络变为多电源网络，使得原先呈单一方向流动的潮流具有一定的随机性。

（2）分布式电源接入对配电网电流保护、距离保护、重合闸配合等均带来影响，使一些保护产生误动作、不动作或者配合失效等问题。

（3）分布式电源的启动、停运、输出变化与自然条件、用户需求、政策法规、电力市场等众多因素有关，易导致其功率输出波动，进而造成明显的电压波动。且大量电力电子转换器应用到系统中，将造成电网的谐波污染。

随着环境污染形势的日益严峻，实施节能减排被提到国家战略的高度。发展新能源汽车尤其是纯电动汽车，是国家节能减排战略的一个重要环节。目前，电动汽车充换电设施的接入已初具规模，其对配电网的影响主要表现为快速充电的影响。快速充电负荷具有冲击性，在渗透率较大时会拉大典型区域的负荷峰谷差，且快充专用供电设备利用率偏低，负荷的短时波动性增强，相关变压器和配电线路的最大负载率有所增加。

7.2.2 对配电网发展提出新要求

到 2020 年，国内各类分布式电源装机总容量预计将达到 18 350 万 kW。分布式电源中，光伏、风电等具有随机性、间歇性和波动性的特点，大量接入配电网，将对电网调峰调频、电能质量控制提出较高要求；而分布式天然气、生物质、综合利用、小水电等对配电网短路电流水平、继电保护配置、电压水平控制均会造成一定影响。因此，需要从配电网的规划设计、运行检修、安全管理等方面，采取积极措施，全方位应对分布式电源的接入。

2020 年，中国电动汽车总量预计将达 5000 万辆，局部地区配电网将承载快速增长的电动汽车充电负荷，要求加强规划设计、接入管理和标准化建设等工作，提高电网适应能力。储能装置的规模化应用对电网起到削峰填谷的作用，有利于提高分布式电源的接纳能力，故障时起到应急电源的作用，但会对局部短路电流、电压水平带来一定影响，需要进一步完善协调控制技术，实现在配电网中的"即插即用"。

7.2.3 "全消纳全接入"服务方向

"十三五"期间及接下来较长时期，基于"全接入、全消纳"的原则，开展典型线路、变电站消纳能力分析，并提出相应应对策略，做好配电网规划与分布式电源规划的有效衔接，重点推广分布式电源并网双向保护装置、协调控制器、能量管理平台等并网设备及系统新技术，促进网源协调发展，积极服务分布式电源项目健康发展。

在配电网规划中，要深入研究多元化负荷的接入模式，满足终端用户的多元化需求，通过资源共享，构建综合型配电网能效管理平台，实现多元化负荷一体化管理。尤其是要深入研究电动汽车的充电特性与接入模式，合理确定各类充换电设施的供电方式、接线模式、负荷等级、典型配置、电能质量要求和无功配置等，借鉴变电站规划，对电动汽车充换电设施的选址、定容进行规划布点，引导电动汽车有序充电。

7.3 储 能 装 置

7.3.1 储能装置的作用

对于风力发电和光伏发电等新能源发电系统而言，最大的问题是其出力波动和不确定性。大容量的新能源发电装置直接并网运行会对电网调度运行与控制带来影响，当这些新能源的总容量达到一定比例后甚至会给电网带来稳定问题。大规模储能系统的引入，可以平抑输出功率的波动，减少对电网的冲击，并为新能源发电带来显著的效益。储能技术是实现能源高效利用的重要途径，从而成为近年来电力工业的一个发展热点。

储能装置的应用，使得间歇性可再生能源分布式发电具有更大的利用潜力，能够为负载连续提供所需的电能，也可以更好的渗透于大电网中。控制性能良好的储能设备，通过快速的电能存取，来吸收"剩余能量"或者提供"差额能量"，从而起到功率调节的作用，使得间歇性分布式电源具有功率可调度性，提高系统运行的稳定性、可靠性，提高电能质量。

7.3.2 储能方式及装置

1. 储能方式

目前的储能方式众多，单就储能机理而言，大致可分为三种：

（1）机械储能：如飞轮储能、压缩气体储能、抽水蓄能等。

（2）电化学储能：如铅酸电池、锂离子电池、钠硫电池、镉镍强碱性电池等，由于化学电池技术成熟，其应用十分广泛。

（3）电储能：常见的有超级电容器储能、超导电磁储能等。

2. 储能装置

目前，常用的电力储能装置主要有铅酸蓄电池、超级电容、飞轮储能等。

其中，铅酸蓄电池技术最成熟，能量密度最大，是长期储能设备，但其功率密度不如超级电容，不能提供突加的大电流，此外，蓄电池的充放电寿命短，平均为次，因此合理的充放电控制是系统设计时必须考虑的问题。

超级电容和飞轮储能都是短期储能装置，其中超级电容具有非常快的充放电速度，功率密度很大，可以满足短时间、大功率负荷的需求，常应用于电力系统稳定性控制。此外，超级电容的寿命很长，充放电次数多，其主要缺点是能量密度小，不能长时间提供能量，而且价格较贵。

飞轮储能循环寿命长、能量转换效率高、占地面积小，但其磁悬浮轴承的极限特性、价格昂贵的缺点限制其的应用范围。考虑到需要长期储能，分布式发电系统中的储能装置应为铅酸蓄电池。

7.3.3 储能电池接入模型

蓄电池储能是目前使用最广泛的储能装置，其特点是单位能量的储存成本很低，蓄电池接入配电网的模型如图7-3所示。

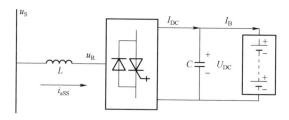

图7-3 蓄电池接入电网模型

通过控制相差和逆变器输出幅值，分别调控蓄电池与电网有功和无功功率的交换。

7.4 微 电 网

7.4.1 微电网简介

微电网是一种将分布式电源、负荷、储能装置、变流器以及监控保护装置有机整合在一起的小型发配电系统。凭借微电网的运行控制和能量管理等关键技术，可以实现其并网或孤岛运行、降低间歇性分布式电源给配电网带来的不利影响，最大限度利用分布式电源出力，提高供电可靠性和电能质量。将分布式电源以微电网的形式接入配电网，被普遍认为是利用分布式电源有效的方式之一。微电网作为配电网和分布式电源的纽带，使得配电网不必直接面对种类不同、归属不同、数量庞大、分散接入的分布式电源。

近年来，欧盟、美国、日本等均开展了微电网试验示范工程研究，以进行概念验证、控制方案测试及运行特性研究。国外微电网的研究主要围绕可靠性、可接入性、灵活性三个方面，探讨系统智能化、能量利用多元化、电力供给个性化等关键技术。微电网在我国也处于实验、示范阶段。目前，既有安装在海岛孤网运行的微电网，也有与配电网并网运行的微电网。与电网相连的微电网，可与配电网进行能量交换，提高供电可靠性和实现多元化能源利用。微电网与配网电力和信息交换量将日益增大，并且在提高电力系统运行可靠性和灵活性方面体现出较大的潜力。微电网和配电网的高效集成，是未来智能电网发展面临的主要任务之一。

7.4.2 微电网结构

分布式电源类型的多样性及微电网运行方式的复杂性，使得微电网有别于传统电力系统。如图7-4所示。

微电网的构成可以很简单，也可能比较复杂。例如：光伏发电系统和储能系统可以组成简单的用户级光/储微电网，风力发电系统、光伏发电系统、储能系统、冷/热/电联供微型燃气轮机发电系统可组成满足用户冷/热/电综合能源需求的复杂微电网。一个微电网内还可以含有若干个规模相对小的微电网，微电网内分布式电源的接入电压等级也可能不同，也可以有多种结构形式，如图 7-5 所示。

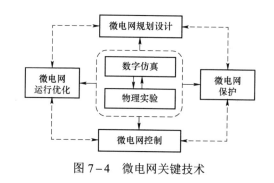

图 7-4　微电网关键技术

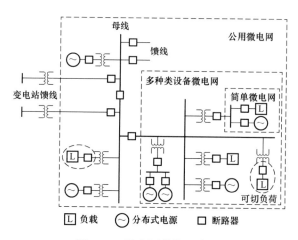

图 7-5　微电网结构示意图

7.4.3　微电网的展望

目前，微电网作为一个新型电力系统，无论是其运行与设计中的安全性、经济性和可靠性问题，还是对传统电力系统的影响，都值得电力工作者和研究人员展开广泛、深入地研究。

与传统的集中式能源系统相比，以新能源为主的分布式电源向负荷供电，不需要建设大电网进行远距离高压输电，可以大大减少线损，节省输配电建设投资，又可与大电网集中供电相互补充，是综合利用现有资源和设备，为用户提供可靠和优质电能的理想方式。

由于兼具发电、供热、制冷等多种服务功能，微电网可以有效地实现能源的阶梯利用，达到更高的能源综合利用效率，同时可以提高电网的安全性。微电网技术顺应了我国大力促进可再生能源发电走可持续发展道路的要求，因此对其进行深入研究具有重要意义。

7.5　国外配电网网架结构

7.5.1　日本东京网架结构

东京电网电压标准包括 1000、500、275、154、66、22、6.6kV，415、240、200、100V。其中：154kV 只出现在东京的外围，而 22kV 则是在首都中心的负荷高密度地区采用；415、240V 为银座、新宿等超高密度地区中的低压标准电压。1000kV 网架目前是降压运行。

东京电网结构为围绕城市形成 500kV 双 U 型环网，由 500kV 外环网上设置的 500/275kV 变电站引出同杆并架的双回 275kV 架空线，向架空与电缆交接处的 275/154kV 变电站供电，然后由该变电站向一方向引出三回 275kV 电缆，向市中心 275/66kV 变电站供电，每三回电缆串接三座 275/66kV 负荷变电站，然后与另一个 275kV 枢纽变电站相连，形成环路结构，标准频率为 50Hz。

（1）22kV 电缆网。东京 22kV 电缆网主要适用于东京银座等高负荷密度区，采用单环网、双射式、三射式三种结构。

1）单环网：用户通过开关柜接入环网中，满足了单电源用户的供电需求，正常运行时线路负载率可达 50%，如图 7-6 所示。

2）双射式：每座配电室双路电源分别 T 接自双回主干线（或三回主干线中的两回），其中一路主供，另一路热备用，满足了双电源用户的供电需求，线路利用率可达 50%，如图 7-7 所示。

3）三射式：每座配电室三路电源分别 T 接自三回主干线，3 回线路全部为主供线路，满足了三电源用户的供电需求，正常运行时线路负载率可达 67%，如图 7-8 所示。

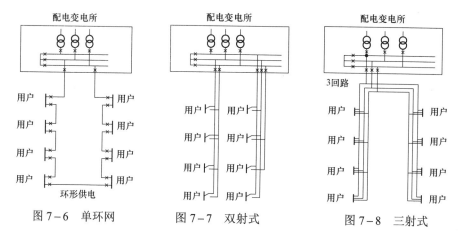

图 7-6　单环网　　　图 7-7　双射式　　　图 7-8　三射式

（2）6kV 配电网。6kV 配电网适用于东京高负荷密度区之外的一般城市地区，包括多分段多联络架空网以及多分割多联络电缆网两种结构。

1）多分段多联络架空网：一般为 6 分段 3 联络，在故障或检修时，线路不同区段的负荷转移到相邻线路，如图 7-9 所示。

2）多分割多联络电缆网：从 1 进 4 出开关站的出线构成两个相对独立的单环网，在故障或检修时，线路的不同区段的负荷转移到相邻线路，如图 7-10 所示。

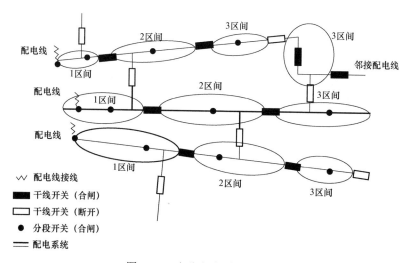

图 7-9　多分段多联络架空网

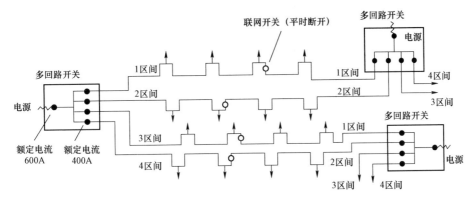

图 7-10　多分割多联络电缆网

7.5.2　新加坡网架结构

新加坡电网服务新加坡约 120 万电力用户，年最大供电负荷为 5624MW。电网分为 400、230、66kV 输电网络和 22、6.6kV 配电网络。66kV 及以上电压等级输电网络均采用网状连接模式，每个网状网络并列运行，其电源来自同一个上级电源变电站；22kV 配电网络采用环网连接、并联运行模式；6.6kV 配电网络采用环网连接、开环运行模式，每个环网的两路或三路电源来自不同的 22kV 上级电源点。

各电压等级规划变电站的布点是在充分了解电网用户发展需求的基础上，按不同电压等级、不同用电可靠性要求，确定变电站及网架的建设规划。

22kV 配电网采用以变电站为中心的花瓣形接线，如图 7-11 所示。即同一个双电源变压器并联运行的变电站（66/22kV）的每两回馈线构成环网、闭环运行，最大环网负荷电流不能超过 400A，环网的设计容量为 15MVA。不同电源变电站的花瓣间设置备用联络（1～3 个）、开环运行。事故情况下可通过调度人员远方操作，全容量恢复供电。22kV 馈线一律采用 300mm² 铜导体交联聚乙烯电缆。

22kV 母线变压器台数在 3 台及以下时，单母线不分段。当变压器台数大于 3 台时，采用单母线分段的接线方式，如图 7-12 所示。

新加坡电网 22kV 及以上电压等级设备均采用合环运行方式，均未采用自动投切装置，发生单一故障不会造成用户短时间停电。

在 66/22kV 变电站中，66/22kV、75MVA 变压器并联且配对运行，在任何时间，两个变压器所承载的最大负荷不超过 75MVA。22kV 母线采用单母线分段接线形式，分段开关没有装设保护和自投装置。变压器台数在三台及以下时，22kV 母线分段开关处于合的位置，22kV 相当于单母线运行。当变压器台数大于三台时，22kV 母线组合成相当于单母线分段的接线方式。

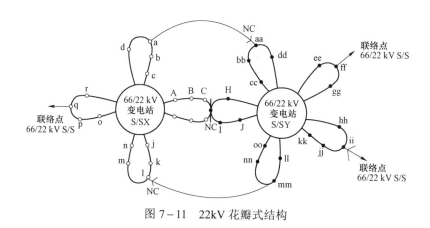

图 7-11　22kV 花瓣式结构

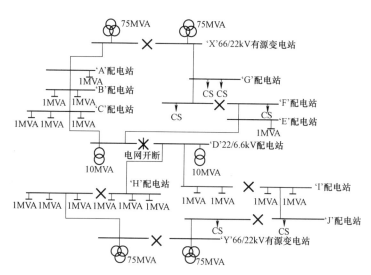

图 7-12　22kV 典型电气接线图

在保护配置方面，环网上配置断路器，主保护采用电磁式电流差动保护，利用导引电缆进行传输；保护装置简单可靠，导引线设置适应电缆的接入和电缆改道工程。后备保护采用数字式过电流及接地保护，并配备 SCADA 系统；事故情况下可通过 SCADA 系统实现远方操作，全容量恢复供电。至客户或变压器的支路采用过电流和接地保护。

7.5.3 法国巴黎网架结构

巴黎城区输电网采取 400kV 双环网，较为坚强可靠；225kV 电网及变电站接线基本采用相对比较薄弱的辐射状结构，可靠性一般；巴黎城区 20kV 配电网打造为双环或三环网方式，并配置自动化设备，具有高可靠性，以中压电网高可靠性弥补高压电网的相对薄弱，形成"强—弱—强"的电网接线方式，这样既满足用户对供电可靠性的要求，同时也降低了不必要的资金投入，使投资效益最大化。通过坚强的 20kV 配电网架、较高的配电自动化水平，控制用户接入，主干线负载率达 33%，支撑薄弱的 225kV 电网，能够在失去两座 225kV 变电站条件下的全部负荷转移，满足输电网 $N-2$ 要求。

巴黎城市电网具有鲜明的环状结构：外环、中环和内环，三环又将其分割成 4 个分区，各个变电站就处于分区之间，每个环内的变电站向两侧的分区供电。巴黎三环的城市电网具有哑铃型的特点，其远郊的 400kV 环网保证了骨干电网的运行安全和稳定，20kV 环网保证了对用户供电的灵活性和可靠性，而中间电压等级 225kV 电网采用了相对薄弱的辐射状结构。巴黎的三环设计结合了巴黎城市地形地域的特点，巴黎共分为 20 个区，由里往外延展一圈圈布置。巴黎配电系统比较成熟稳定，各分区发展相对均衡，负荷分布均匀且密度较大，适用于采用 225/20kV 电压等级，有利于提高中压配电网传输容量、降低网络损耗。

巴黎 225、20kV 电网结构示意如图 7-13 所示。

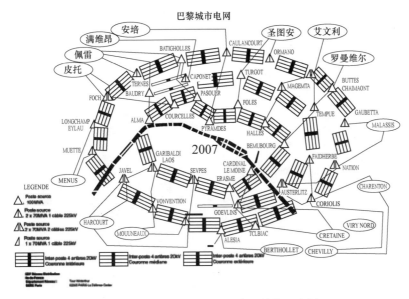

图 7-13 巴黎 225、20kV 电网结构示意图

（1）220/20kV 的优势。巴黎采用 225kV 直降 20kV 一方面考虑了巴黎的城市特点，另一方面采用直降方式比增加 110kV 中间电压等级的电压序列具有一定优势。

1）在一定条件下，当城市负荷密度较高时，采用二级电压制跟三级电压制相比，节省的 110kV 变电站和相应的 110kV 线路投资以及相应的网损费用将超过增加的 220kV 变电站投资及其站内损耗费用，从而总体上将获得较小的单位负荷供电费用。

2）在一定的负荷密度范围内，二级电压制跟三级电压制相比，有更小的电压损耗。

3）当负荷密度较大时，二级电压制跟三级电压制相比，由于减少的 110kV 这一级线路和变压器损耗超过 220kV 变压器增加的损耗，从总体上全网损耗减少。

（2）中压配电网。法国中压配电网结构比较清晰、简洁，全部为环网结构，根据负荷密度和可靠性需求分为双环网、城市单环网、农村单环网。配电变压器（含公用变压器和用户变压器）"嵌入"到配电网之中，配电变压器接入与配电网结构密切相关。

1）双环网：变电站间双环网，配电变压器双 T 接入主干网，只限于巴黎城市高负荷密度地区（小巴黎地区），如图 7-14 所示。

2）城市单环网：变电站间单环网，配电变压器开断接入，适用于除巴黎之外的其他城市，如图 7-15 所示。

3）农村单环网：变电站间单环网，配电变压器 T 状接入，适用于非城市地区（城镇、乡村），如图 7-16 所示。

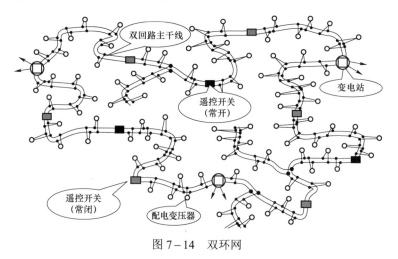

图 7-14　双环网

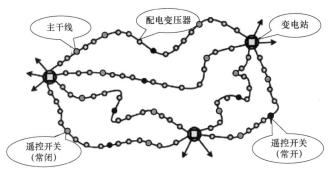

图 7-15　城市单环网

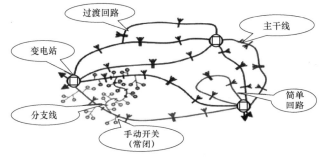

图 7-16　农村单环网

目前，巴黎城区中压配电网以双坏网结构为主；巴黎城区新建改造中压配电网逐步采用三环网结构，由两座变电站三射线电缆构成三环网、开环运行。每座配电室双路电源分别 T 接自三回路中两回不同电缆，其中一路为主供，另一路为热备用，如图 7-17 所示。

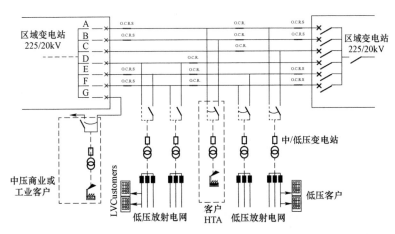

图 7-17　巴黎城区 20kV 三环网示意图

（3）低压配电网。历史上巴黎城区低压配电网为网格状、闭环运行，从1990～2000年将闭环改造断开，以前的联络予以保留备用，新建的线路均为放射式，不再做联络。理由为网格状电网排除小的故障是有效的，但是随着负荷的增长，偶发的大故障会像多米诺骨牌状扩大。

附录A 名 词 解 释

1. 配电网

从电源侧（输电网和发电设施）接受电能，并通过配电设施就地或逐级分配给各类用户的电力网络。

2. 开关站

一般由上级变电站直供、出线配置带保护功能的断路器、对功率进行再分配的配电设备及土建设施的总称，相当于变电站母线的延伸。开关站进线一般为两路电源，设母联开关。开关站内必要时可附设配电变压器。

3. 环网柜

用于 10kV 电缆线路环进环出及分接负荷的配电装置。环网柜中用于环进环出的开关采用负荷开关，用于分接负荷的开关采用负荷开关或断路器。环网柜按结构可分为共箱型和间隔型，一般按每个间隔或每个开关称为一面环网柜。

4. 环网室

由多面环网柜组成，用于 10kV 电缆线路环进环出及分接负荷，且不含配电变压器的户内配电设备及土建设施的总称。

5. 环网箱

安装于户外、由多面环网柜组成、有外箱壳防护，用于 10kV 电缆线路环进环出及分接负荷，且不含配电变压器的配电设施。

6. 配电室

将 10kV 变换为 220V/380V，并分配电力的户内配电设备及土建设施的总称，配电室内一般设有 10kV 开关、配电变压器、低压开关等装置。配电室按功能可分为终端型和环网型。终端型配电室主要为低压电力用户分配电能；环网型配电室除了为低压电力用户分配电能之外，还用于 10kV 电缆线路的环进环出及分接负荷。

7. 箱式变电站

安装于户外、有外箱壳防护、将 10kV 变换为 220V/380V，并分配电力的配电设施，箱式变电站内一般设有 10kV 开关、配电变压器、低压开关等装置。箱式变电站按功能可分为终端型和环网型。终端型箱式变电站主要为低压电力用户分配电能；环网型箱式变电站除了为低压用户分配电能之外，还用于 10kV

电缆线路的环进环出及分接负荷。

8. 10kV 电缆线路

主干线全部为电力电缆的 10kV 线路。

9. 10kV 架空（架空电缆混合）线路

主干线为架空线或混有部分电力电缆的 10kV 线路。

10. 10kV 主干线

变电站的 10kV 出线，并承担主要电力传输的线段为主干线。

11. 10kV 架空线路绝缘化率

10kV 架空绝缘线路长度占架空线路长度的百分比。

12. 10kV 线路联络率

有联络的 10kV 线路之和占线路总数的比例。

13. 供电安全水平

配电网在运行中承受故障扰动（如失去元件或发生短路故障）的能力，其评价指标是某种停运条件下（通常指 $N-1$ 或 $N-1-1$ 停运后）的供电恢复容量和供电恢复时间的要求。

14. $N-1$ 停运

110～35kV 电网中一台变压器或一条线路故障或计划退出运行；10kV 线路中一个分段（包括架空线路的一个分段，电缆线路的一个环网单元或一段电缆进线本体）故障或计划退出运行。

15. $N-1-1$ 停运

110～35kV 电网中一台变压器或一条线路计划停运情况下，同级电网中相关联的另一台变压器或一条线路因故障退出运行。

16. 单线或单变站

某一电压等级仅有单条电源进线的变电站与单台主变压器的变电站。

17. $N-1$ 通过

某一电压等级电网中任一元件（主变压器、线路）停运，考虑本级及下一级电网的转供能力，通过 $N-1$ 校验的能力。

18. 配电自动化

配电自动化以一次网架和设备为基础，以配电自动化系统为核心，综合利用多种通信方式，实现对配电系统的监测与控制，并通过与相关应用系统的信息集成，实现配电系统的科学管理。

19. 配电 SCADA

也称 DSCADA，指通过人机交互，实现配电网的运行监视和远方控制，为配电网的生产指挥和调度提供服务。

20. 配电主站

配电主站是配电自动化系统的核心部分，主要实现配电网数据采集与监控等基本功能和电网分析应用等扩展功能。

21. 配电终端

安装于中压配电网现场的各种远方监测、控制单元的总称，主要包括配电开关监控终端（FTU，馈线终端）、配电变压器监测终端（TTU，配变终端）、开关站和公用及用户配电所的监控终端（DTU，站所终端）等。

22. 配电子站

为优化系统结构层次、提高信息传输效率、便于配电通信系统组网而设置的中间层，实现所辖范围内的信息汇集、处理或故障处理、通信监视等功能。

附录 B 接线方式选择相关技术参数

相关技术参数见表 B-1~表 B-10。

表 B-1 主变压器容量与中压出线间隔及中压线路导线截面配合推荐表

110~35kV 主变压器容量（MVA）	10kV 馈线数（条）	10kV 主干线截面（mm²）		10kV 分支线截面（mm²）	
		架空	电缆	架空	电缆
63	12 及以上	240、185	400、300	150、120	240、185
50、40	8~12	240、185、150	400、300、240	150、120、95	240、185、150
31.5	8~10	185、150	300、240	120、95	185、150
20	6~8	150、120	240、185	95、70	150、120
12.5、10、6.3	4~8	150、120、95	—	95、70、50	—
3.15、2	4~8	95、70	—	50	—

注 1. 中压架空线路通常为铝芯，沿海高盐雾地区也可采用铜绞线，A、B、C 类供电区域的中压架空线路宜采用架空绝缘线。

2. 表中推荐的电缆线路为铜芯，也可采用相同载流量的铝芯电缆。沿海或污秽严重地区，选用电缆线路时宜选用交联聚乙烯绝缘铜芯电缆，其他地区可选用交联聚乙烯绝缘铝芯电缆。

3. 对于专线用户较为集中的区域，可适当增加变电站 10kV 出线间隔数。

表 B-2 各电压等级的短路电流限定值

电压等级（kV）	短路电流限定值（kA）		
	A+、A、B 类供电区域	C 类供电区域	D、E 类供电区域
110	31.5、40	31.5、40	31.5
66	31.5	31.5	31.5
35	31.5	25、31.5	25、31.5
10	20、25	20、25	16、20

注 1. 对于主变压器容量较大的 110kV 变电站（40MVA 及以上）、35kV 变电站（20MVA 及以上），其低压侧可选取表中较高的数值，对于主变压器容量较小的 110~35kV 变电站的低压侧可选取表中较低的数值。

2. 10kV 线路短路容量沿线路递减，配电设备可根据安装位置适当降低短路容量标准。

表 B－3 　　　　　　　　　 钢芯铝绞线长期允许载流量（A）

导线型号	最高允许温度（℃）		导线型号	最高允许温度（℃）	
	+70	+80		+70	+80
LGJ－10		86	LGJ－25	130	138
LGJ－16	105	108	LGJ－35	175	183
LGJ－50	210	215	LGJQ－240	605	651
LGJ－70	265	260	LGJQ－300	690	708
LGJ－95	330	352	LGJQ－300（1）		721
LGJ－95（1）		317	LGJQ－400	825	836
LGJ－120	380	401	LGJ－400（1）		857
LGJ－120（1）		351	LGJQ－500	945	932
LGJ－150	445	452	LGJQ－600	1050	1047
LGJ－185	510	531	LGJQ－700	1220	1159
LGJ－240	610	613	LGJJ－150	450	468
LGJ－300	690	755	LGJJ－185	515	539
LGJ－400	835	840	LGJJ－240	610	639
LGJQ－150	450	455	LGJJ 300	705	758
LGJQ－185	505	518	LGJJ－400	850	881

注　1. 最高允许温度+70℃的载流量，引自《高压送电线路设计手册》，基准环境温度为+25℃，无日照。

　　2. 最高允许温度+80℃的载流量，系按基准环境温度为+25℃、日照 0.1W/cm²、风速 0.5m/s、海拔 1000m、辐射散热系数及吸热系数为 0.5 条件计算的。

　　3. 某些导线有两种绞合结构，带（1）者铝芯根数少（LGJ 型为 7 根，LGJQ 型为 24 根），但每根铝芯截面较大。

表 B－4 　　　　　　　　　 温 度 修 正 系 数

周围空气温度（℃）	10	15	20	25	30	35	40
修正系数	1.15	1.11	1.05	1	0.94	0.88	0.81

表 B－5 　　 6～35kV 交联聚乙烯绝缘电力电缆载流量（空气中）

标称截面（mm²）	电压 6/6、8.7/10kV				电压 26/35kV			
	单芯		三芯		单芯		三芯	
	铜芯	铝芯	铜芯	铝芯	铜芯	铝芯	铜芯	铝芯
35	237	181	166	126				

标称截面（mm²）	电压 6/6、8.7/10kV				电压 26/35kV			
	单芯		三芯		单芯		三芯	
	铜芯	铝芯	铜芯	铝芯	铜芯	铝芯	铜芯	铝芯
50	289	221	202	153	256	195	179	136
70	371	285	255	196	328	253	229	174
95	452	349	310	238	400	309	277	211
120	525	406	355	276	465	360	322	245
150	606	470	406	310	537	417	371	283
185	694	541	462	356	615	479	424	323
240	819	642	545	419	725	568	500	380
300	947	743	635	480	839	658	577	438
400	1139	899	713	537	1009	796	651	494

注　1. 引自《工业与民用配电设计手册》，基准环境温度为＋30℃，最高允许温度＋90℃。

　　2. 8.7/10kV 三芯电缆截面范围为 50～400mm²。

表 B－6　6～35kV 交联聚乙烯绝缘电力电缆载流量（土壤中、排管）

标称截面（mm²）	电压 6/6、8.7/10kV				电压 26/35kV			
	单芯		三芯		单芯		三芯	
	铜芯	铝芯	铜芯	铝芯	铜芯	铝芯	铜芯	铝芯
35	149	115	124	96				
50	176	138	147	115	154	120	128	100
70	218	170	182	142	191	148	159	123
95	258	196	215	170	217	168	189	146
120	294	223	245	194	246	191	214	166
150	332	251	277	218	278	216	242	188
185	372	282	310	245	313	243	272	211
240	421	324	360	282	361	279	314	243
300	477	366	408	318	406	316	353	275
400	515	391	444	340	457	361	397	314

注　1. 引自《工业与民用配电设计手册》，基准环境温度为＋25℃，最高允许温度＋90℃，土壤热阻系数 2.5K·m/W。

　　2. 8.7/10kV 三芯电缆截面范围为 50～400mm²。

表 B-7				温 度 修 正 系 数				
环境温度（℃）（空气中）	20	25	30	35	40	45	50	55
修正系数	1.08	1.04	1.00	0.96	0.91	0.87	0.82	0.76
环境温度（℃）（土壤中）	10	15	20	25	30	35	40	45
修正系数	1.07	1.04	1.00	0.96	0.93	0.89	0.85	0.80

表 B-8　　　　　不同土壤热阻系数的载流量修正系数

土壤热阻系数（K·m/W）		1.00	1.20	1.50	2.00	2.50	3.00
修正系数	电缆排管	1.18	1.15	1.10	1.05	1.00	0.96
	电缆直埋	1.30	1.23	1.16	1.06	1.00	0.93

表 B-9　　　　　不同接线方式的供电可靠性

负荷密度（万 kW/km²）	辐射状	多分段单联络	多分段适度联络	单环网	双环网	开关站直供
0.6	99.972%	99.982%	99.986%	99.998 32%	99.998 95%	99.998 97%
0.8	99.974%	99.983%	99.987%	99.998 38%	99.999 01%	99.999 00%
1	99.976%	99.984%	99.987%	99.998 41%	99.999 04%	99.999 02%
1.2	99.977%	99.984%	99.987%	99.998 44%	99.999 07%	99.999 03%
1.4	99.978%	99.985%	99.988%	99.998 46%	99.999 09%	99.999 04%
1.6	99.979%	99.985%	99.988%	99.998 48%	99.999 11%	99.999 10%
1.8	99.979%	99.985%	99.988%	99.998 50%	99.999 13%	99.999 10%
2	99.980%	99.986%	99.988%	99.998 51%	99.999 14%	99.999 11%
2.2	99.980%	99.986%	99.988%	99.998 52%	99.999 15%	99.999 12%
2.4	99.981%	99.986%	99.988%	99.998 53%	99.999 16%	99.999 12%
2.6	99.981%	99.986%	99.988%	99.998 54%	99.999 17%	99.999 12%
2.8	99.982%	99.986%	99.988%	99.998 55%	99.999 18%	99.999 13%
3	99.982%	99.986%	99.988%	99.998 55%	99.999 18%	99.999 13%
3.2	99.982%	99.986%	99.988%	99.998 56%	99.999 19%	99.999 18%
3.4	99.982%	99.987%	99.988%	99.998 56%	99.999 19%	99.999 18%
3.6	99.983%	99.987%	99.988%	99.998 57%	99.999 20%	99.999 18%
3.8	99.983%	99.987%	99.989%	99.998 57%	99.999 20%	99.999 19%
4	99.983%	99.987%	99.989%	99.998 58%	99.999 21%	99.999 19%

表 B-10				不同接线方式的经济性		单位：元/kW
负荷密度 （万 kW/km²）	辐射状	多分段 单联络	多分段适度 联络	单环网	双环网	开关站直供
0.6	210.23	479.4	379.26	2249.04	2421.84	2406.84
0.8	184.06	427.34	340.17	2061.83	2234.63	2207
1	166.8	392.98	314.38	1938.28	2111.08	2075.11
1.2	153.19	365.91	294.05	1840.93	2013.73	1971.19
1.4	143.77	347.17	279.98	1773.54	1946.34	1899.25
1.6	134.87	329.47	266.69	1709.89	1882.69	1831.3
1.8	128.07	315.94	256.52	1661.22	1834.02	1779.34
2	122.31	304.48	247.92	1620.04	1792.84	1735.38
2.2	117.6	295.11	240.89	1586.34	1759.14	1699.41
2.4	113.94	287.82	235.41	1560.13	1732.93	1671.43
2.6	109.75	279.49	229.16	1530.18	1702.98	1639.46
2.8	106.09	272.21	223.69	1503.97	1676.77	1611.48
3	103.48	267	219.78	1485.25	1658.05	1591.5
3.2	100.34	260.75	215.09	1462.79	1635.59	1567.52
3.4	98.24	256.59	211.96	1447.81	1620.61	1551.53
3.6	95.63	251.38	208.05	1429.09	1601.89	1531.55
3.8	93.53	247.22	204.92	1414.11	1586.91	1515.56
4	91.96	244.09	202.58	1402.88	1575.68	1503.57

参 考 文 献

[1] 国家能源局. DL/T 5729—2016 配电网规划设计技术导则. 北京：中国电力出版社，2016.

[2] 陈章潮，唐德光. 城市电网规划与改造 [M]. 北京：中国电力出版社，2008.

[3] 范明天，张祖平. 中国配电网发展战略相关问题研究 [M]. 北京：中国电力出版社，2008.

[4] 范明天，张祖平，岳宗斌. 配电网络规划与设计 [M]. 北京：中国电力出版社，2008.

[5] 王信茂，经济新常态下电力发展的几个问题 [J]. 中国电力企业管理（综合），2015（12）.

[6] 姚刚，刘速飞，金佳. 计及负荷密度的复杂城市配电网接线模式匹配研究 [A]. 2013年中国电机工程学会年会论文集 [C]. 中国电机工程学会，2013（7）.

[7] 姚刚，张海彪，李满堂. 负荷密度特性在新城区电网规划中的应用 [J]. 上海电力学院学报，2013，29（02）：129-132.

[8] 刘友强，李欣然，刘杨华，变电站经济容量及经济供电半径的探讨，广东电力，2005，18（11）：7-11.

[9] 吴正骅，程浩忠，厉达等. 基于负荷密度比较法的中心城区典型功能区中压配电网接线方式研究 [J]. 电网技术，2009，33（9）：24-29.

[10] 姚刚，刘速飞，姚艳，刘丰. 基于实时负荷的电网规划辅助决策系统的研发 [J]. 华东电力，2010，38（05）：710-711.

[11] 姚刚，刘速飞，马劲东，卢美玲. 配电网评估指标体系建立与评估方法 [J]. 华东电力，2009，37（12）：2038-2040.

[12] 徐小芳，王承民，白玉东等. 基于成本效益分析的城市配电网典型供电模式规划[J]. 电工电能新技术，2012（03）.

[13] 姚刚，仲立军，张代红. 复杂城市配电网网格化供电组网方式优化研究及实践[J]. 电网技术，2014，38（05）：1297-1301.

[14] 曹炳元，经济供电半径的 Fuzzy 几何规划模型与优选方法，中国工程科学，2001，3（3）：52-56.

[15] 沈道义，杨振睿，何正宇. 智能配电网供电模式与优化规划研究展望 [J]. 华东电力，2012，40（8）：1395-1399.

[16] 范明天，张祖平，周莉梅. 中压配电网络电压等级优化与改造——20kV 电压等级的论证及实施［M］. 北京：中国电力出版社，2009.

[17] 施伟国. 上海电网高压配电网络电压等级技术经济比较. 供用电，2003，4（20）：17-20.

[18] 范明天，中压配电电压等级优化的总体思路［J］. 南方电网技术，2013，7（1）：15-20.

[19] 许可，鲜杏，程杰，等. 城市高压配电网典型接线的可靠性经济分析［J］. 电力科学与工程，2015，31（7）：12-18.

[20] 江苏省电机工程协会. 20kV 电压等级配电技术论文集. 北京：中国电力出版社，2008.

[21] 程浩忠，姜祥生. 20kV 配电网规划与改造［M］. 北京：中国电力出版社，2010.

[22] 刘振亚. 国家电网公司输变电工程通用设计 220kV 变电站分册［M］. 北京：中国电力出版社，2005.

[23] 刘振亚. 国家电网公司输变电工程通用设计 110kV 变电站分册［M］. 北京：中国电力出版社，2005.

[24] 刘振亚. 国家电网公司输变电工程通用设计 35kV 变电站分册［M］. 北京：中国电力出版社，2005.

[25] 闵宏生，吴丹，金华征等，不同负荷密度下的配电网供电模式研究. 供用电，2006，23（2）：19-24.

[26] 李蕊，李跃，徐浩，基于层次分析法和专家经验的重要电力用户典型供电模式评估. 电网技术，2014，38（9）：2336-2341.

[27] 张弛，程浩忠，奚珣，等.基于层次分析和模糊综合评价法的配电网供电模式选型[J].电网技术，2006，30（22）：66-69.

[28] 高永宽，刘志亮，刘士祥. 新农村电气化村典型供电模式［J］. 农村电气化，2008（5）.

[29] 王涛，马悦，闫立秋，唐艳波. 偏远地区典型供电模式研究［J］. 电网与清洁能源，2012，28（12）：30-33.

[30] 温生毅，黄存强，安娟，省天骄. 青海省农牧区典型供电模式研究［J］. 青海电力，2014．6.

[31] 张文泉. 电力技术经济评价理论方法与应用. 北京：中国电力出版社，2004.

[32] 国家发展改革委，建设部，建设项目经济评价方法与参数. 北京：中国计划出版社，2006.

[33] 杨旭中. 电力工程造价控制. 北京：中国电力出版社，2006．23-34.

[34] 陈立新. 电力工程技术经济知识. 北京：中国电力出版社，1999．1-2.

[35] 吴丹，程浩忠，金华征，等．开发区配电网供电方式的选择方法．电力建设，2006，27（8）：15－18．

[36] 何永贵，尹健．农网配电自动化系统的技术方案［J］．电力科学与工程，2008，24（3）．

[37] 吴平，安四清，程升平等．35kV 配电化建设［J］．农村电气化，2012（S1）．